작은 집을 짓는
65가지 아이디어

더 넓게 · 더 밝게 · 더 편리하게

작은 집을 짓는 65가지 아이디어

오쓰카 야스코 지음 | **고주희** 옮김

시그마북스
Sigma Books

작은 집을 짓는 65가지 아이디어

발행일 2019년 12월 20일 초판 1쇄 발행
지은이 오쓰카 야스코
옮긴이 고주희
발행인 강학경
발행처 시그마북스
마케팅 정제용
에디터 최윤정, 장민정
디자인 김문배, 최희민

등록번호 제10-965호
주소 서울특별시 영등포구 양평로 22길 21 선유도코오롱디지털타워 A402호
전자우편 sigmabooks@spress.co.kr
홈페이지 http://www.sigmabooks.co.kr
전화 (02) 2062-5288~9
팩시밀리 (02) 323-4197
ISBN 979-11-90257-15-2 (03590)

이 도서의 국립중앙도서관 출판예정도서목록(CIP)은 서지정보유통지원시스템 홈페이지(http://seoji.nl.go.kr)와
국가자료공동목록시스템(http://www.nl.go.kr/kolisnet)에서 이용하실 수 있습니다. (CIP제어번호: CIP2019044377)

* 시그마북스는 (주) 시그마프레스의 자매회사로 일반 단행본 전문 출판사입니다.

좋은 집이란 구입하는 것이 아니라

만들어지는 것이어야 한다.

- 조이스 메이나드(소설가)

01

중정과 거실을 현관으로 만든 집

산딸나무를 심은 중정과 현관, 거실이 이어진 공간. 나무 재질의 현관문은 크기와 개폐 각도를 고려해 주문 제작했다.

현관 위 천장을 틔우고 베란다를 설치해 개방감을 주었다.

흰 벽으로 현관을 둘러 중정을 만들었다. 흰색 담이 현관 전체를 감싸고 있어서 대문을 닫으면 완벽하게 사적 공간이 된다.

가족이 모이는 거실을 가장 멋진 공간으로 꾸며주세요— 라는 건축주의 당부가 있었습니다. 그래서 가족이 수시로 드나드는 현관과 가깝게 거실을 배치하고, 현관과 거실 사이에 개방감 있는 중정을 두는 쪽으로 매듭을 지었습니다.

일반적인 현관의 개념을 벗어나 좌우 여닫이 문을 시공하고, 거실 바닥의 높이는 지면에 가깝게 맞추었습니다. 현관문 양쪽을 열면 21.06㎡ 크기의 거실에 현관과 중정이 더해진 하나의 큰 공간이 탄생합니다.

LDK*는 칸막이 없이 원룸으로 구성하고 계단을 중심으로 하는 회유식 동선으로 공간을 배치했다. 1층 남쪽 천장을 틔워 집 곳곳에 자연광이 퍼진다.

* LDK: 거실Living room과 식당 겸 주방Dining Kitchen의 약어. LDK 앞 숫자는 방의 개수를 의미하는데, 2LDK라면 방 2개와 거실, 식당 겸 주방이 있는 집이라는 뜻.-옮긴이

거실 옆은 식당. 식당과 주방 바닥은 내구성이 좋고 오염이 덜한 타일을 깔았다.

1층 욕실은 외벽을 바깥으로 경사지게 시공하고 천창을 달았다. 해가 들지 않는 1층 북쪽 공간에 자연광을 끌어오는 비결이다.

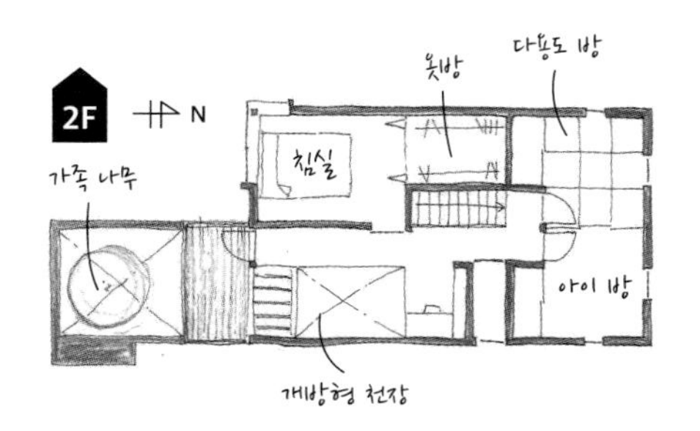

가족구성	부부 + 아이 1명
대지면적	107.22㎡(32.5평)
연면적	96.75㎡(29.3평)
건축구조	목조 2층
건물구성	3LDK
주요채광면	남쪽
공사비용	2500~3000만 엔

02

중정을 맴돌게 설계한 회유식 동선 집

부지의 높낮이가 고르지 않은 점을 살려 반 층 위에 공간을 만들고 벽면 하단의 콘크리트 기초 부분을 노출시켜 인테리어 효과를 주었다. 부지의 단점을 활용해 집의 매력을 끌어올린 케이스.

집 중심에 심은 노각나무는 아이들과 함께 성장하며 봄에는 동백꽃을 닮은 작은 꽃을 피운다.

집 안에 중정을 두어 가족을 위한 작은 공원을 만들었습니다. 계단과 복도로 중정을 둘러싸게 설계해 중정을 중심으로 동선이 원을 그리며 회유식으로 이어지는 집입니다. 경사진 토지의 특성상 완만하게 반 층씩 올라가는 구조가 되었습니다. 중정의 계단을 통해서도 각 공간이 연결되어 가족들과 항상 소통할 수 있습니다. 한창 활발할 시기의 아이들이 집 안을 놀이터처럼 종횡무진 누비는 모습도 볼 수 있지요.

중정 옆 복도 한 곳은 서재로 활용했다. 작고 아담해 마음이 차분해지는 공간이다.

계단을 끝까지 오르면 욕실과 세면대가 있다. 목욕 후에는 집의 외부와 중정으로 열린 데크에서 시원한 저녁 바람을 쐴 수 있다.

작은 중정을 통해 빛과 바람이 잘 들도록 남쪽 계단실에 유리문을 달았다.

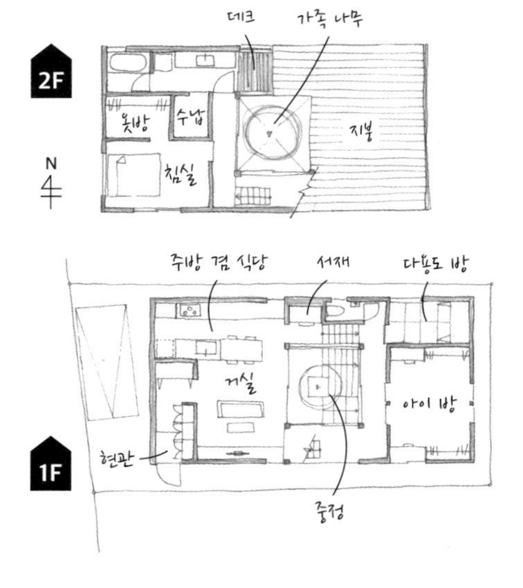

가족구성	부부 + 아이 2명
대지면적	127.80㎡(38.66평)
연면적	104.57㎡(31.63평)
건축구조	목조 2층
건물구성	3LDK
주요채광면	중정
공사비용	2000~2500만 엔

2층 복도에서 보이는 아이 방. 중정 계단을 통해 바로 아이 방으로 들어갈 수 있다. 형제가 크면 방을 나누어 쓸 수 있도록 문은 미닫이로 시공했다.

03

아늑함을 강조한 검정 담 집

검은색 담으로 거실을 감싸고 1층 천장을 티워 개방감을 높였다. 가족이 함께 칠한 거실 벽이 화사하다.

모던하고 시크한 검정 담 집입니다. 지붕까지 뻗은 담은 나무로 제작해 색과 소재에서 전통적인 분위기가 엿보입니다. 이 담은 거실의 개방감을 높여주는 역할도 합니다.

높은 벽은 외부의 시선을 적당히 차단시키고 사생활을 충분히 지켜줍니다. 세련된 외관과는 다르게 집 안으로 들어서면 밝고 아늑한 공간이 펼쳐집니다.

큐브 형태의 외벽은 메탈사이딩 강판과 미국 삼나무로 마감했다. 현대적인 느낌과 나무가 주는 포근함이 조화롭다.

한쪽 공간을 높여 그 자리를 거실로 만들었다. 천장을 틔워 공간에 여유로움을 더했다. 평상처럼 만든 거실에 식탁을 나란히 두면 거실을 의자로 활용할 수 있다.

현관과 계단실을 일체시켜 공간 낭비를 줄였다. 계단실은 위층 자연광을 아래층까지 끌어오는 통로 역할을 한다. 작은 집 계단실은 가급적 간소하게 만드는 게 공간을 여유롭게 사용하는 비결이다.

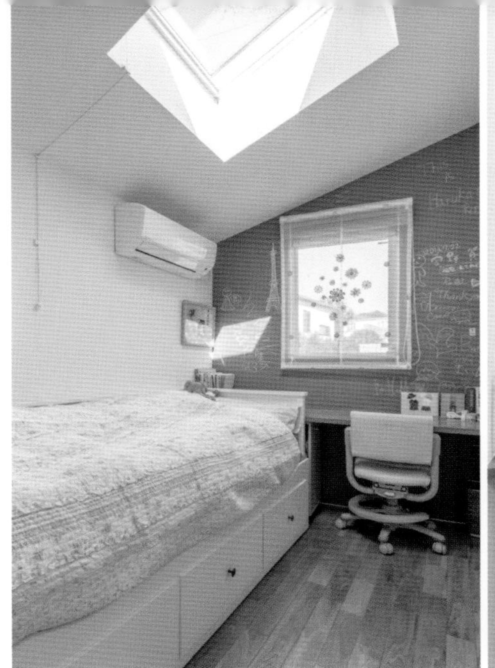

침대, 옷장, 책상을 배치한 아이 방은 6.15㎡로 2평이 채 되지 않을 만큼 작지만 여유 있어 보인다. 안쪽 벽의 색깔을 달리해 방이 길어 보이게 하고 경사진 천장에 창을 달아 채광을 높였다.

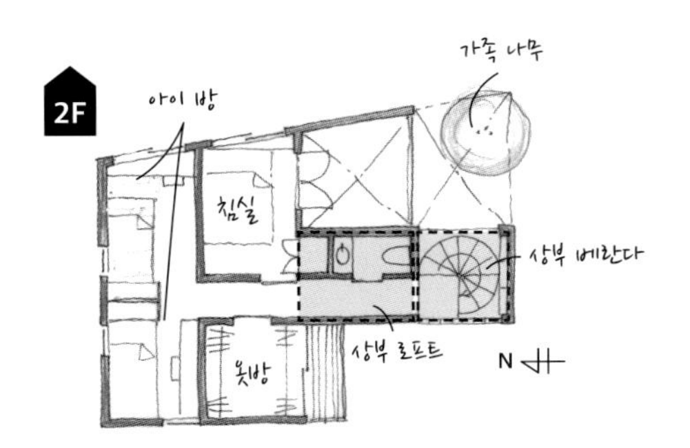

1층 천장을 틔운 거실의 상부는 옥상 베란다와 연결된다. 빨래와 이불을 널기에도 좋고, 밤하늘 아래에서 바비큐를 하기에도 좋다. 도시 집에서 귀하디귀한 바깥 공간이다.

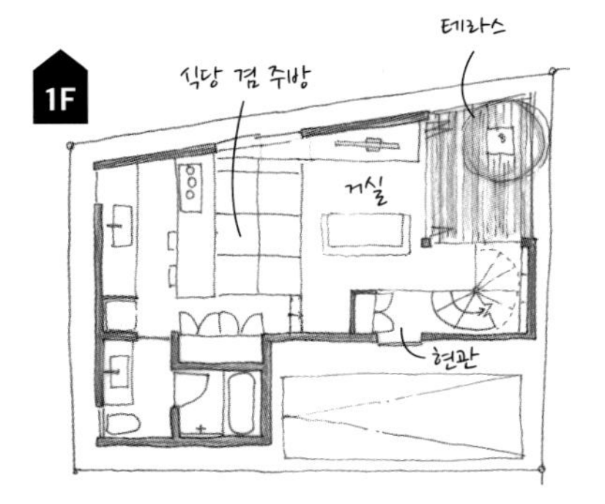

가족구성	부부 + 아이 2명
대지면적	70.16㎡(21.2평)
연면적	68.67㎡(20.8평)
건축구조	목조 2층
건물구성	3LDK
주요채광면	남쪽
공사비용	2500~3000만 엔

04

시시각각 변하는 빛과 그림자가 아름다운 미니멈 하우스

네모난 상자 형태의 집 벽에 종이를 접은 것처럼 선을 내어 음영을 주었습니다. 실내 벽 역시 선을 내고 가위집을 넣은 것처럼 입체적으로 시공해 빛과 그림자가 시시각각 변하는 모습을 즐길 수 있습니다.

"필요하지 않은 공간은 만들지 않고, 필요하지 않은 물건은 들이지 않는다."

미니멀리즘을 지향하면 공간 자체가 주는 행복이 더 커집니다.

현관 포치에 심은 맹종죽이 2층 거실 베란다까지 자랐다. 곧게 뻗은 대나무 줄기가 멋지다.

외벽과 담이 일체된 집. 해가 저물면 벽의 틈 사이로 빛이 새어나와 포근한 분위기를 연출한다.

2층 거실의 계단 홀. 계단실은 따로 벽을 세우지 않아야 공간이 넓어 보인다. 집의 개구부는 벽을 겹치고 불투명 유리를 시공해 외부의 시선을 차단했기 때문에 커튼 없이도 생활할 수 있다.

1층 침실과 예비실. 군더더기 없이 심플한 공간으로 만들었다.

이웃과 접한 북동쪽 욕실 공간은 세면대 위로 높게 창을 내어 채광을 확보했다. 벽으로 시공한 유리블록을 통해 쏟아지는 빛이 따사롭다.

흰색으로 통일한 집 안에서 유일하게 빨강과 파랑으로 꾸며 세련된 모습을 강조한 화장실.

가족구성	부부
대지면적	87.97㎡(26.65평)
연면적	81.21㎡(24.6평)
건축구조	목조 2층
건물구성	2LDK
주요채광면	남서쪽
공사비용	2500~3000만 엔

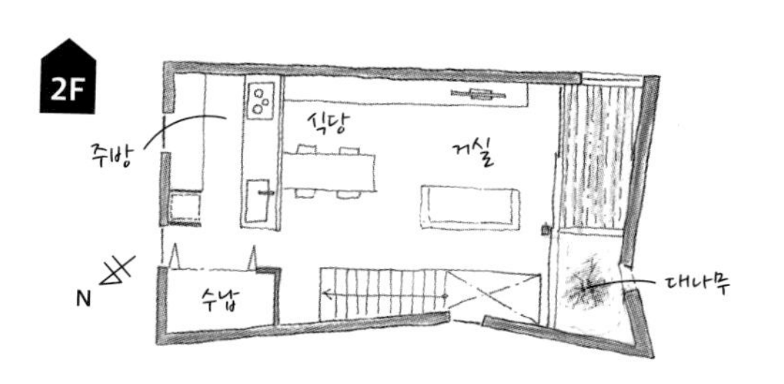

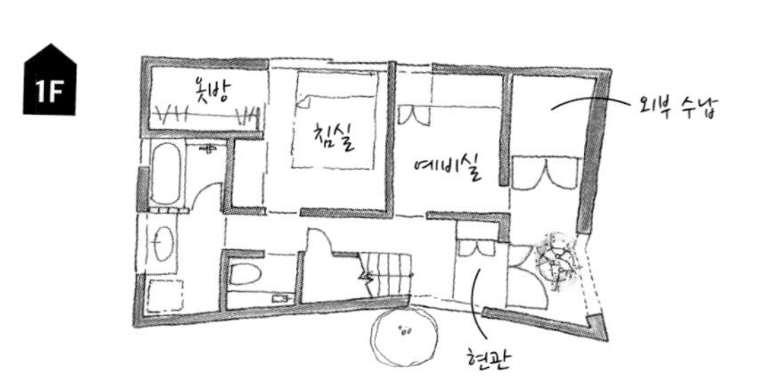

05

좋아하는 공간을 갖춘 작은 집

연면적 58.8㎡이라도 여유로운 집을 지을 수 있습니다. 작은 집에서 여유를 느끼고 싶다면 큰 공간을 하나 만들면 됩니다. 원래는 따로따로인 곳을 하나로 붙여버리면 연속성이 생겨나 공간이 최대로 넓어 보이는 효과를 줍니다. 건축주의 마음에 들 만한 공간을 작은 집 곳곳에 배치해 기분 좋은 집으로 꾸몄습니다.

이 다용도 방의 크기는 3.24㎡로 1평이 채 되지 않지만 벽장 아래를 틔워 공간을 만들었다.

현관 홀과 계단실은 한곳에 두어 공간 낭비를 줄이고 채광도 확보했다.

10.53㎡ 크기의 거실 겸 식당에는 테라스를 연결해 공간을 확장시켰다. 작은 자투리 마당도 출입이 가능한 테라스로 만들면 방의 일부처럼 활용할 수 있다.

주방은 공간에 잘 융화되는 흰색으로 통일해 넓어 보인다.

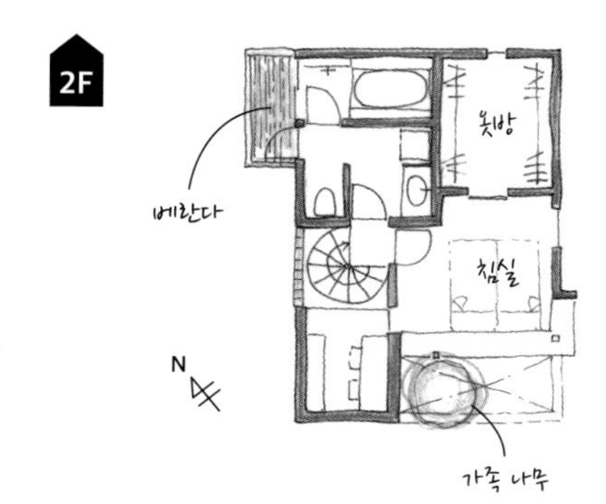

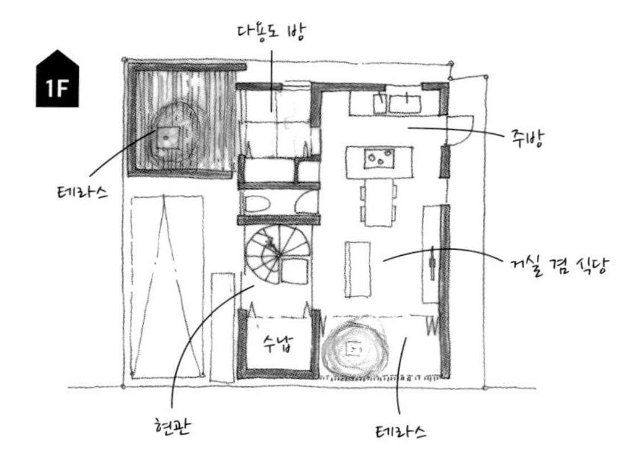

가족구성	부부
대지면적	74.27㎡(22.5평)
연면적	58.8㎡(17.8평)
건축구조	목조 2층
건물구성	2LDK
주요채광면	남쪽
공사비용	2000~2500만 엔

1인 가구를 위한 비대칭 집

부지의 모양을 살려 세면대를 삼각형으로 설치했다. 약간의 불편은 감수할 수 있도록 재미있게 코너 공간을 활용했다.

9.72㎡ 크기 침실의 천장 경사면에서 가장 높은 곳은 3m나 된다. 내장은 흰색 바탕으로 통일해 어떻게 꾸며도 잘 어울린다.

집 벽 가까이로 같은 색 담을 둘러 담과 건물이 하나로 보인다. 바깥 시선을 차단함과 동시에 빛과 바람을 확보하는 방법이다.

부지의 세 면이 도로와 맞닿아 있는 독특한 형태의 집입니다. 삼각형 모양의 부지를 효과적으로 활용하고 외부의 시선을 차단하며 밝은 실내 공간을 창조하는 것이 주요 과제였지요. 네모반듯하지 않은 변형지에 집을 지으려면 아무래도 어려운 점이 많습니다. 하지만 발상을 전환해서 곳곳에 재미있는 공간을 만들어준다면 땅의 단점도 장점으로 바뀝니다.

활용하기 힘든 삼각형 모양의 부지 위에, 집을 담으로 감싸고 안뜰을 만들어 사생활을 보호하는 구조로 공간을 설계했다. 거실 바닥의 높이를 현관에 가깝게 낮추어 공간에 연속성을 주고, 현관은 봉당처럼 넓게 만들어 활용도를 높였다.

도로와 접한 2층 욕실은 작은 창과 천창을 통해 빛과 바람이 들게 했다. 창을 열어두고 목욕을 즐길 수도 있다.

가족이 방문하면 쓰게 될 손님방. 벽장을 포함해 7.29㎡ 남짓한 작은 방이지만 벽장 아래를 틔워 두 사람이 누울 공간을 확보했다.

가족구성	1인
대지면적	55.03㎡(16.6평)
연면적	60.56㎡(18.3평)
건축구조	목조 2층
건물구성	2LDK
주요채광면	남쪽
공사비용	2500~3000만 엔

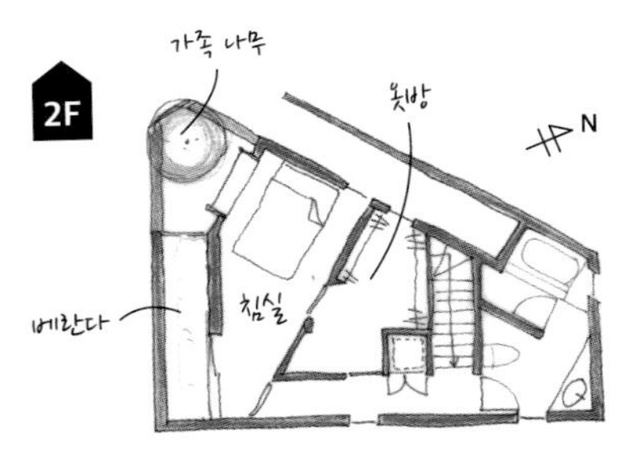

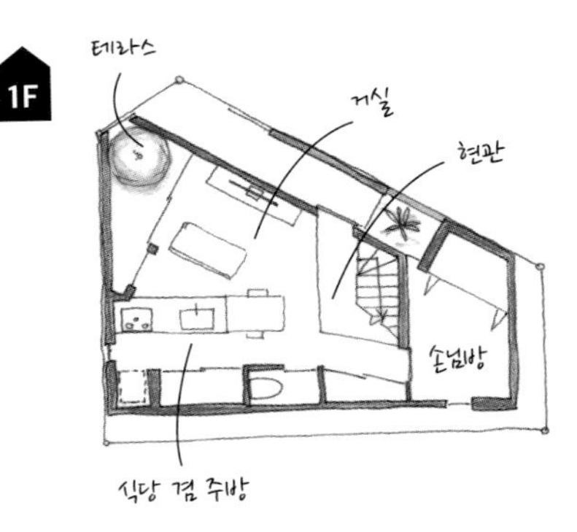

차 례

제1장 작은 집에서 꾸리는 풍요로운 생활

제2장 이상적인 작은 집을 짓기 위한 방법

작은 집의 법칙 ③

일석삼조의 공간을 만든다

작은 집의 법칙 ④

빛과 바람을 끌어들이는 장치를 만든다

작은 집의 법칙 ⑤

눈의 착각을 이용한다

작은 집에서 꾸리는 풍요로운 생활

작은 집은 꿈꾸던 일상을 이루어준다

작은 집이면 충분하다—

건축가로서 다양한 형태의 집을 지으며 움트기 시작한 이 생각은 이제 확신이 되었습니다.

고객들은 집을 둘러싼 수많은 과제와 고민거리를 안고 건축사무소를 찾아옵니다. 그중에서 압도적인 것은 '어떻게 하면 제한된 크기의 땅에 이상적인 집을 지을까?' 하는 고민입니다.

예를 들면, 집을 지을 땅이 지극히 좁음에도 고객은 빛과 바람이 잘 드는 안락한 집이나 가족 구성원에게 여유를 주는 집, 혹은 자연을 오롯이 느낄 수 있는 집과 같이 이상적인 결과물을 원합니다. 고객에게는 집을 짓는 일이 일생에 한 번 정도의 큰 이벤트입니다. 결과에 따라 앞으로의 가족의 행복이 좌우될 수도 있기 때문에 꿈꾸는 집을 얻기 위해서 무리한 조건을 요청하게 되지요.

어려운 의견에 난색을 표할 수도 있겠지만 고객이 오랜 시간에 걸쳐 그려둔 꿈의 집입니다. 그러니 포기하기보다 가능하면 함께 수용할 수 있는 방법을 찾는 쪽으로 문제를 해결해야겠지요.

좁은 식당 공간에 창을 내고 층고를 높여 개방감을 주었다.

그 일은 나는 물론 고객이 지금껏 생각해온 집과 주거에 관한 고정관념을 버리는 작업이기도 했습니다.

집의 크기도 그중 하나입니다. 보통 주거 공간은 넓으면 넓을수록 좋다고 생각하지요. 하지만 꼭 그렇지는 않습니다. 사람은 단순히 큰 공간에 머문다고 쾌적함을 느끼지는 않습니다.

책을 읽고 소소한 취미에 몰두하는 데 공간이 크다고 과연 쾌적할까요. 사람은 약 3.24㎡, 즉 한 평보다 조금 부족한 공간이면 충분히 편안함을 느낍니다.

가족이 모여 밥을 먹는 데 크고 화려한 식당이 필요할까요? 식사를 하는 공간은 4인 가족 기준으로 약 4.86㎡, 즉 한 평 반 남짓이면 충분합니다. 식당에 4인용 식탁이 들어갈 공간만 있다면 가족이 모여 앉아 도란도란 행복하게 식사하는 데 무리가 없어요.

건설사나 시공사의 모델하우스와 쇼룸에서 전시하는 집은 이렇습니다. 넓은 현관에 거실과 식당과 주방이 있고, 욕실과 화장실, 분리형 세면대에 침실과 아이 방을 만들어두고 필요한 만큼의 방과 수납공간을 갖추었다 강조합니다. 이런 집이 과연 한 사람 한 사람에게 이상적인 집이 될 수 있을까요.

현관, 테라스, 거실을 하나로 연결하면
작은 집에 큰 공간이 생긴다.

작은 집을 잘 지으려면 막연하게 떠오르는 대중적인 집의 이미지를 떨쳐 버려야 합니다. 세상 사람들이 생각하는 일반적인 집을 기준으로 지으면 앞서 나열한 집의 구성 요소들, 즉 현관과 거실과 각 방의 수납공간 등을 어떻게든 제한된 땅 안에 만들어 담아야 합니다. 그 결과 집 내부의 공간들이 좁아지고 결국 생활하기에도 불편해집니다.

작은 집 짓기는 집 안에 들어갈 공간의 용도를 다시 생각하는 데서 시작합니다.

현관을 예로 들어 설명해보겠습니다.

작은 집에 현관을 만든다면 그 현관은 작을 수밖에 없습니다. 그렇다면 현관과 테라스와 거실을 합쳐서 한 공간으로 구성하면 어떨까요(위 사진 참조). 현관에 계단을 설치한다면 계단이 들어갈 공간을 절약할 수도 있습니다(오른쪽 사진 참조).

각 방에 수납장을 짜 넣을 공간적 여유가 없다면, 가족이 공동으로 사용하는 옷방을 만들어 옷을 한꺼번에 관리하는 방법도 있습니다. 그러면 아이가 방 여기

저기에 아무렇게나 던져놓은 옷을 치우지 않아도 되고, 세탁물을 관리하기도 편해져 빨래에 들이는 시간과 수고가 줄어듭니다.

토지 건폐율이 낮아서 거실을 크게 만들 수 없다면 테라스를 연결해 거실을 확장할 수도 있습니다(다음 쪽 아래 사진 참조). 테라스와 거실 사이의 창은 폴딩 도어로 시공하고 평소에 열어두면 공간이 넓어집니다. 거실과 테라스의 바닥재와 색을 통일시키고 문턱을 없애면 테라스가 마치 거실의 일부처럼 보이는 효과도 낼 수 있습니다.

집에 대한 고정관념을 버리면 자신만의 이상적인 주거 형태가 명확해집니다.

"이 방이 굳이 필요할까?", "수납공간으로 방 하나를 활용하는 편이 좋겠어."

이처럼 자유롭게 집에 대한 생각을 떠올리면서 본인이 진심으로 원하는 주거 형태를 파악해가는 것이지요.

고정관념을 버렸다면 다시 새롭게 집 도면을 구상해봅니다. 이 과정을 통해 집의 쓸모없는 공간을 줄일 수 있고 한걸음 더 나아가 가족에게 편리함과 편안함을 주는 집을 완성할 수 있습니다.

현관과 계단을 한곳에 설치해 공간을 쓸모 있게 활용한다.

공간 구성에 초점을 맞추어 쾌적하게

집이 작으니 여러 가지로 불편할 거라든가 막상 살아보면 힘들 거라는 생각을 할 수도 있습니다. 하지만 불편함의 원인은 집이 작기 때문이 아닙니다. 집의 크기에 맞춘 주택 설계의 중요성을 간과해서입니다.

작은 집에는 작은 집만을 위한 설계와 지혜가 필요합니다. 큰 집에나 있을 법한 대용량 수납장을 짜 넣거나 시스템 주방을 설치해버리면, 사람이 드나들 공간이 줄고 동선에 지장이 생깁니다. 그러니 수납장의 앞뒤 폭을 줄이거나 싱크대는 작은 주방에 맞추어 주문 제작하는 식으로, 설계 단계에서 집의 크기를 충분히 고려하는 편이 좋습니다. 작은 집일수록 건축가의 역할이 중요한 이유입니다.

건축가는 먼저 공간을 입체적으로 배치하는 방법을 알고 있어야 합니다. 그리고 채광과 통풍이 잘 되는 집의 각도와 방향 등 집 짓기에 필요한 다양한 지식과

거실과 테라스를 연결해 공간을 넓게 활용한다.

작은 방 정면이 꽉 차게 창을 달고 테라스를 이어서 배치하면 여유로운 공간이 탄생한다.

요령도 숙지하고 있어야 하지요. 그래야 작은 부지를 100%, 120% 활용해 편안한 집을 지을 수 있습니다.

숫자만으로 접근하면 작은 집 짓기는 실패합니다. 다 지어진 집에 들어갔을 때, 상상 이상으로 좁게 느껴진다면 그것은 숫자에만 의존해 설계했기 때문입니다.

많은 사람들은 집을 고를 때 일단 숫자를 물어봅니다. 거실은 몇 평인지, 연면적은 90㎡이 넘는지를 숫자로 파악해 그 집의 넓이를 가늠해보려 합니다.

하지만 공간의 여유로움과 쾌적함은 숫자로는 측정하기 힘듭니다. 사람이 느끼는 공간의 크기는 면적의 크기와 절대로 동일하지 않기 때문이지요.

사람이 집에 살면서 실제로 느끼는 감정은 복잡하고 애매합니다. 창의 크기, 바닥과 벽의 색, 소재, 천장의 높이, 방의 형태에 따라서 사람이 느끼는 감각은 유동적으로 변합니다. 그래서 공간을 꾸미는 방법에 따라서 16.2㎡(약 5평) 크기의 방보다 9.72㎡(약 3평) 크기의 방이 더 넓고 개방감 있게 느껴지기도 합니다.

작은 집을 잘 지으려면 입체적으로 사고해야 합니다. 토지의 넓이를 평면이 아닌 입체로 항상 인식하는 것이지요. 사용할 수 있는 면적은 이미 정해져 있습니다. 그렇다면 그 토지를 얼마나 입체적으로 활용해 부피감 있는 공간으로 조성할 것인지가 작은 집 짓기의 가장 중요한 포인트가 됩니다.

생활에 맞춘 집 짓기를 생각한다

마지막으로 작은 집에서의 일상을 풍요롭게 만드는 가장 중요한 사항을 알려드리겠습니다.

전통적으로 우리 생활과 가장 잘 맞는 집의 형태는 자연과 가까운 집입니다. 평범한 일상 속에서 시간의 흐름을 지켜보며 어제와는 다른 속살을 보여주는 풍경에 우리는 행복을 느낍니다. 그야말로 자연을 벗 삼아 멋지고 풍부한 삶을 누리는 것이지요.

자연과 가까운 집은 끝이 없는 그림책처럼 매일 하루가 다르게 변하는 모습을 우리에게 선사해줍니다.

유리와 콘크리트와 같은 건축 자재가 없던 시대에 지어진 집을 살펴보면, 장지

가족 나무를 심고 나무 데크를 설치해 작은 마당이 멋지게 변신했다.

문 하나로 집의 안과 밖이 자연스럽게 연결되었습니다. 툇마루는 테라스의 역할을 했지요.

집의 입구에는 봉당이라는 실내도 실외도 아닌 공간이 있었습니다. 그곳은 채소를 씻거나 요리를 하고, 농기구를 손보기도 하는 생활의 전반적인 용도로 사용되었습니다.

그렇다면 우리가 편안하게 생각하는 주거란, 서유럽의 견고한 석조 건물처럼 안과 밖을 명확히 구분한 집이 아니라 어딘지 모르게 개방적이면서 바깥 환경과 자연스럽게 연결된 집이 아닐까요.

그래서 도시에 살면서 언제나 자연과 가까울 수 있는 집을 추구합니다. 집을 설계할 때면 자연적 요소를 어떤 방식으로 집 내부에 끌어들일지, 하늘과 마당이 툭 트인 기분 좋은 개방감을 어떻게 연출할 수 있을지를 우선적으로 생각하는 것

3.24㎡, 즉 한 평이 안 되는 방이라도 방법에 따라 여유로운 공간이 될 수 있다.

이지요.

하지만 도심의 주거 환경을 보면 보통 한곳에 많은 사람이 모여 다닥다닥 집을 짓고 삽니다. 이런 주택가에 예스러운 전통가옥과 같이 개방감을 강조한 집을 짓는다면 사람들의 끊임없는 시선을 받게 되고 주위 환경과도 어울리지 않아 생활하기 더 힘들어집니다.

또한 집이 밀집되어 있으면 통풍과 채광을 확보하기도 어려워집니다.

그래서 우리는 전통적인 주거 형태의 장점만 가져와 가릴 곳은 가리되, 개방적인 장소를 만들고 빛과 바람과 같은 자연 요소를 끌어와 자연과의 접점을 집 안으로 들이는 방법을 선택합니다. 그것이 도시 속에서도 풍부한 자연을 누리며 살 수 있는 작은 집의 형태입니다.

제 2 장

이상적인 작은 집을 짓기 위한 방법

작은 집을 잘 짓는 7 가지 법칙

작은 집이라고 해도, 자연을 벗 삼고 여유로운 생활을 실현할 수 있는 방법이 여럿 있습니다. 그것을 하나하나 분류해보면 크게 7가지 법칙으로 정리할 수 있습니다.

이 7가지 법칙을 전제로 접근하면 각자의 토지, 예산, 라이프 스타일에 맞게, 편안하고 즐겁게 생활할 수 있는 작은 집을 지을 수 있습니다.

다음 7가지 법칙은, 어떻게 하면 자연이 주는 여유로움과 쾌적함을 느끼는 공간을 작은 집에 만들 수 있을지에 중점을 두고 생각해낸 것입니다.

숫자라는 물리적 제약에서 벗어나 바람과 빛을 집 안으로 들이고 공간을 여유롭게 사용하기 위해 고안한 발상과 연구의 모든 것이 이 7가지 법칙에 들어가 있습니다.

❶ 토지 전체를 '집'으로 본다

제한된 땅을 100% 활용해 실내 공간을 넓히기 위해서는 '외부 공간도 주거의 일부'로 간주합니다.

❷ 외부 공간과 내부 공간을 연결한다

실내 공간과 바깥을 연결하는 커다란 개구부를 만들어 개방감과 공간적인 여유를 확보합니다.

❸ 일석삼조의 공간을 만든다

계단, 복도, 현관 같은 중간 구역에 다른 기능을 하나 더해줍니다.

❹ 빛과 바람을 끌어들이는 장치를 만든다

창과 계단을 적절히 활용하면 입지 조건과 상관없이 채광과 통풍을 확보할 수 있습니다.

❺ 눈의 착각을 이용한다

공간에 개방감과 깊이감을 부여해 시각적인 여유로움을 만들어줍니다.

❻ 유동적인 공간을 만든다

라이프 스타일의 변화에 대응할 수 있게 공간을 배치합니다.

❼ 커다란 나무를 한 그루 심는다

사계절의 변화를 가까이서 느낄 수 있는 가족 나무를 심어서 집에 생명을 불어넣습니다.

작은 집을 잘 짓는 7 가지 법칙

1. 토지 전체를 '집'으로 본다
2. 외부 공간과 내부 공간을 연결한다
3. 일석삼조의 공간을 만든다
4. 빛과 바람을 끌어들이는 장치를 만든다
5. 눈의 착각을 이용한다
6. 유동적인 공간을 만든다
7. 커다란 나무를 한 그루 심는다

토지 전체를 '집'으로 본다

집을 지어야겠다 — 이렇게 결심한 순간, 대부분의 사람들은 집 자체에 의식을 집중하게 됩니다. 하지만 집보다 토지 전체의 공간을 어떻게 효과적으로 사용할지 충분히 고려해야 합니다.

주거 공간을 충분히 확보하면서 동시에 자연적인 요소와 공간적인 여유를 체감할 수 있는 집을 어떻게 하면 지을 수 있을까요. 이때는 '토지 전체를 집으로 보는' 발상의 전환이 필요합니다.

지역별로 부지 면적당 지을 수 있는 건축 면적의 비율인 건폐율은 건축 기준법으로 정해져 있습니다. 용도 지역 중 일반 주거 지역의 건폐율은 대체적으로 60%에 해당합니다. 이 말은 건물의 건축 면적은 부지 면적의 60%를 넘길 수 없다는 뜻입니다. 남은 40%는 빈 땅으로 두라는 것이지요.

도시에서 작은 집을 지으려면 제한된 건폐율을 어떻게 융통성 있게 잘 처리해 건물을 배치할 것인지가 중요한데, 이때 건물을 지을 수 없는 40%도 집의 일부로 보아야 합니다. 생각해야 합니다. 이 외부 공간을 얼마나 유효하게 이용할 수 있을지. 이것이 작은 집을 잘 짓는 열쇠가 됩니다.

01 집과 담을 일체시켜 탄생한 사적 공간

도시에서 작은 집을 지을 때 자주 제안하는 방식은 담으로 집을 둘러 집과 담을 일체시키는 것입니다. 부지 전체를 외벽과 담으로 빙 둘러싸 버리면, 집과 담 사이의 마당도 집의 일부가 됩니다. 대신 외부의 시선이 닿지 않도록 벽은 충분히 높게 두르는 것이 포인트입니다.

일반적으로 도시 속 작은 집을 보면, 담이나 대문을 없애서 집과 바깥 공간이 바로 연결되는 곳이 종종 있습니다. 압박감을 없애고 좁은 마당을 넓게 보이기 위한 시도라고 생각됩니다.

하지만 실제로 살아보면 바깥 시선이 여간 불편한 게 아닙니다. 집이 노출되어 있으면 누가 엿볼까봐 늘 불안하고 도로 쪽으로 난 방의 창은 항상 커튼으로 가리고 생활하게 됩니다. 마당도 남에게 보여주기 위한 공간으로 변모해, 가족이 편히 쉬는 사적인 공간으로서의 기능을 상실해버리지요. 집 안에서 바라보는 풍경이 모든 이들에게 돋보여야 할 필요는 없습니다.

집과 담을 일체시킨 집.

일체형 담 안으로 넓게 펼쳐진
사적 공간.

그래서 높은 벽으로 과감하게 부지 전체를 감싸 버리면 도시 집에서도 사적인 공간을 누릴 수 있습니다.

벽을 높게 칠 때는 집의 방위와 마당의 폭, 시공할 벽의 높이와 소재 등을 반드시 면밀하게 계산해서 볕이 잘 들고 바람이 잘 통하도록 설계합니다.

채광과 통풍을 확보하는 방법에는 여러 가지가 있습니다.

46, 47쪽 사진에서 소개한 집처럼 담에 작은 창을 내는 것도 하나의 방법이 됩니다. 작은 창에는 금속망의 한 종류인 익스펜디드 메탈을 끼워 안이 잘 보이지 않게 했습니다. 옆 사진처럼 벽 전체를 익스펜디드 메탈로 시공하거나 나무 소재로 담을 치는 방법도 있습니다. 혹은 틈이 보이게 벽돌을 어긋하게 쌓아 벽을 만들기도 합니다.(50, 51쪽 사진 참조)

이렇게 소재와 구조를 잘 파악해서 시공하면 담은 폐쇄적이지 않고 바깥 시선을 자연스럽게 차단하면서 안에서 바깥 동향을 살필 수 있게 해줍니다.

일체형 담으로 마당을 만들어 주변 시선에서 사생활을 보호하고 빛과 바람을 확보하는 이 설계는 도시에 집을 지을 때 특히 빛을 발합니다.

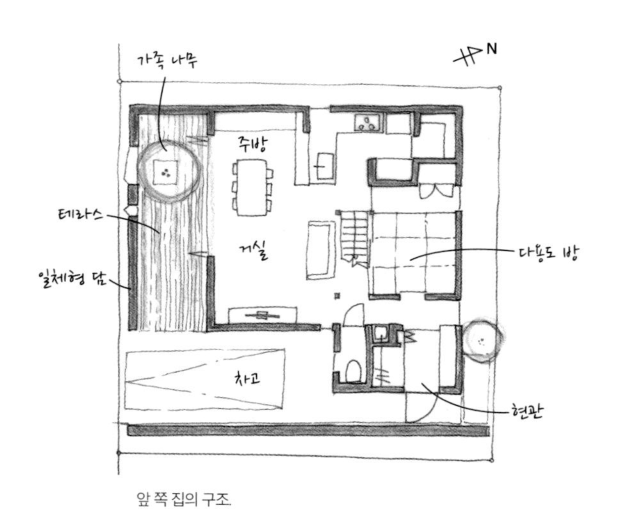

앞 쪽 집의 구조.

옆 쪽 위 익스펜디드 메탈 벽으로 담을 친 테라스 겸 거실.

옆 쪽 아래 나무로 담을 친 테라스 겸 거실.

02 빌트인 차고가 있는 집에 마당 만들기

도시의 밀집된 주택가에서 흔히 볼 수 있는 집의 형태는 빌트인 차고가 있는 작은 집입니다. 이런 유형의 집은 부지에 꽉 차게 건물을 올리는 특성상 마당으로 사용할 외부 공간이 거의 없습니다.

이 문제를 해결하려면 2층 높이로 집을 가리는 외벽 담을 시공하면 됩니다.

사진처럼 집의 1층 현관 포치와 차고부터 2층 베란다까지 한 면을 벽으로 가리면, 사적 외부 공간이 탄생합니다. 작은 집의 대다수는 높이 제한 때문에 한쪽 지붕을 경사지게 시공하는 경우가 많습니다. 외벽을 잘 활용하면 경사 지붕이 가려져 집이 네모반듯해 보이는 효과를 연출합니다.

담으로 쓸 소재는 다양합니다. 반투명 수지판, 유리블록, 익스펜디드 메탈 등의 건축 자재를 사용하거나 벽돌을 틈이 생기도록 어슷하게 쌓아서 적당히 외부 시선은 가려주고, 빛과 바람이 통하게 합니다. 밤이 되면 담의 틈이나 격자 사이로 집 안의 불빛이 은은하게 새어나와 낮과는 또 다른 따듯한 분위기를 맛볼 수 있습니다.

집 전체를 외벽으로 가렸더니 한쪽으로 기울어진 경사 지붕 집이 네모반듯해 보인다.

위 높은 담으로 집을 가리자 2층에는 베란다와 거실이 연결되는 사적 공간이,

옆 1층에는 손바닥 정원이 생겼다.

03 깃발모양 땅은 통로와 대문으로 여유롭게

깃발모양 땅은 토지의 출입구가 길게 통로로 되어 있고 통로 안쪽에 집을 지을 부지가 있는 일종의 변형 토지입니다. 즉, 부지 부분이 깃발이고 통로 부분이 깃대 형태인 땅을 말하는데, 깃대 부분은 면적이 좀 되더라도 활용하기 어렵기 때문에 처치 곤란한 땅 취급을 받습니다. 부지 전체를 효과적으로 쓰기에 깃발모양 땅은 단점이 많아 보이는 것도 사실이지만, 장점과 단점은 동전의 양면과 같다랄까요. 발상을 전환하면 단점을 장점으로 바꾸는 설계를 할 수 있지요.

깃발모양 땅의 장점은 도로에서 깊숙이 들어간 곳에 집이 있어, 조용하고 사생활이 보장되고, 현관까지의 통로를 꾸미기에 따라 색다른 즐거움을 느낄 수 있는 것입니다.

통로는 도시에서 귀한 공간입니다. 일본 교토의 고급 식당이나 전통 료칸에 가보면, 입구에서 현관까지 이어진 좁다란 골목을 멋지게 연출해 본 건물에 진입할 때까지 기대감을 높여줍니다. 통로가 있으면 집에 들어가기 전에 기분을 전환할 수도 있고, 처음 집을 방문하는 손님이라면 통로 다음에 어떤 집이 등장할지 설레는 마음으로 발걸음을 옮기겠지요. 깃발모양 땅의 통로를 어떻게 디자인하느냐

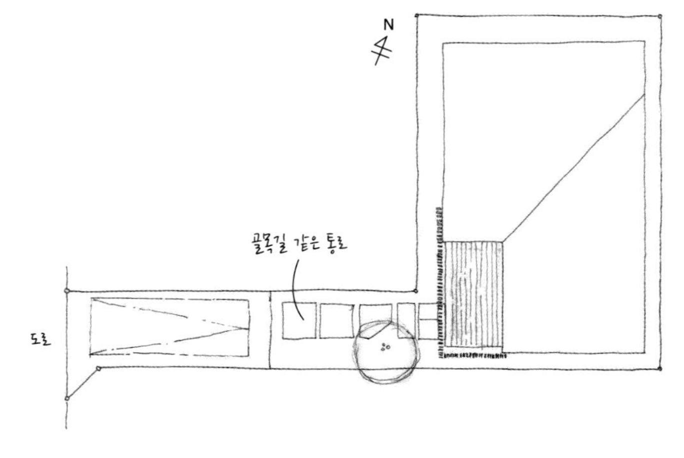

부지의 입구는 도로와 접해 있지만, 집을 지을 공간은 좁은 통로를 지나 안쪽에 있다.

깃발모양 땅의 통로 끝으로 전면을
유리창으로 시공한 집이 보인다.

에 따라 집에 대한 애정도 달라집니다.

깃발모양이라는 단점이 한편으로 공간의 여유로움이라는 장점이 된 것이지요. 게다가 이 땅은 네모난 부지보다 저렴하게 나온 곳이 많아서, 한정된 예산으로 좋은 집을 지으려는 사람들에게 더욱 추천할 만합니다.

깃발모양 땅에는 더 신경 써야 할 부분이 있습니다. 채광과 통풍을 확보하기 위해 설계에 약간 더 신경을 써야 합니다. 옆 사진 속 집의 경우에는 통로와 연결되는 집 전면을 유리로 시공해 빛과 바람이 들어오는 길을 확실하게 마련했습니다.

이웃과 접한 벽에는 창을 높게 달았습니다. 이웃집 창과 마주하지 않게 위치를 잡아서 사생활은 보호하면서 빛과 바람은 잘 통하게 했습니다. 이렇듯 깃발모양 땅이라도 설계에 따라 일반적인 부지와 비교해도 손색없는 주거 환경이 될 수 있습니다.

통로에서 보면 마치 공중에 떠 있는 것처럼 보이는 깃발모양 땅 집.

04 대문은 너무 폐쇄적이지 않게

아래 사진은 도시의 폐쇄적인 주택가 속 깃발모양 땅에 지은 집입니다.

부드러운 느낌의 나무 대문을 깃대와 깃발 부분 사이에 설치해 통로와 사적 공간을 구분했습니다.

통로는 지면을 콘크리트로 두지 않고 판석과 자갈을 깔아 안뜰을 지나는 느낌으로 연출했습니다.

대문은 바깥에서 내부를 슬쩍 엿볼 수 있는 디자인으로 시공했습니다. 심플한 흰색으로 칠한 집 외관에 무쇠 장식을 더한 나무 대문의 색이 대비됩니다.

대문 안쪽으로는 나무 데크를 깔았습니다. 집 본체는 도로에서 보이지 않게 안쪽으로 붙이고 높은 대문으로 시선을 차단해 프라이빗 리조트와 같은 정원이 탄생했습니다.

이렇게 깃발모양 땅만의 후미진 특성을 살려서 건축주 가족이 원하던 개방적인 집이 완성되었습니다.

골목 같은 통로 끝에는 나무 대문 집이 있다.

외부 공간과 내부 공간을 연결한다

사람이 편안함을 느끼는 집에서는 몇 가지 공통점을 발견할 수 있습니다.

아시아권 사람들은 특히 자연과 연결된 집에서 쾌적함을 느끼는 듯합니다.

전통적인 주거를 예로 살펴보면, 우리는 자연을 더 가까이서 느낄 수 있도록 툇마루, 중정, 장지 등과 같은 구성 요소를 집 이곳저곳에 솜씨 좋게 배치했습니다.

특히 창가는 풍경을 즐기면서 자연을 온몸으로 느끼는 장소이기도 하지요. 그래서 창은 바깥을 온전히 볼 수 있게 바닥부터 시작해 위로 길게 달고, 집에는 툇마루를 두어 자연에 가까운 통로로 이용했습니다. 여담이지만, 툇마루는 이불을 두고 말리기에도 좋답니다.

그렇다면 집 안에 머물면서 내부에서 자연을 느낄 수 있는 환경을 조성하면 어떨까요. 그것이 실내의 쾌적함을 높이는 답이 될 수도 있습니다. 작은 집이라면 개방감을 주는 자연 요소를 바깥에서 집 안으로 끌어들여, 한정된 공간이 넓어 보일 수 있게 해결하면 됩니다.

05 바깥 공간과 연결되는 실외 거실

거실과 연결된 창을 열면 내부와 외부가 이어진 거실 겸 테라스가 생깁니다.

창문을 시공할 개구부는 가능한 한 크게 잡고, 거실과 테라스의 바닥 높이와 바닥재의 무늬를 맞추면 거실이 테라스까지 연장되어 보이는 효과를 줍니다.

더해서 테라스에 높은 담까지 설치하면 외부 시선을 신경 쓰지 않고 가족이 편안히 쉴 수 있는 공간이 되지요. 덤으로 이웃집 실외기와 배관도 가려져 보이지 않게 됩니다.

그리고 거실의 천장을 2층 높이로 틔우고 마당 쪽 벽면을 유리로 시공하니 거실에서도 편하게 하늘을 감상할 수 있게 되었습니다(옆 사진 참조).

이 집의 부지 면적은 94㎡(약 29평)에 거실은 11.34㎡ 정도라서 숫자상으로 보면 결코 넓지 않습니다. 하지만 바깥 공간을 안으로 가져와 설계한 결과, 실제보다 더 넓어 보이는 집과 거실이 완성되었습니다.

테라스에서 본 전망. 1층 천장을 틔운 거실에서는 큰 창을 통해 하늘을 바라볼 수 있다.

06 2배로 넓어지는 오픈 테라스 거실

친구 가족들을 불러 집에서 모임을 가질 수 있는 장소를 원한 건축주의 바람대로 테라스 겸 거실 공간을 만들었습니다.

동서로 긴 모양의 부지 위에 집을 짓다보니 건물도 가로로 긴 형태가 되었습니다. 그 길쭉함을 살려서 어떻게 거실을 배치하면 좋을까 고민하다 떠오른 생각은 가로로 긴 실내 공간을 따라서 기다란 테라스를 만드는 것이었습니다. 공간이 더욱 넓어 보이게 테라스 바닥재로는 흰색 타일을 골랐습니다.

테라스 문은 실내 크기에 맞추어 폴딩도어로 제작하고 테라스와 거실 바닥의 높이를 같게 맞추어 공간에 연속성을 주었습니다.

맑은 날에는 테라스 문을 활짝 열어 거실 공간을 확장시켜 사용할 수 있습니다. 외부 공간을 활용한 테라스+거실에서 가족이 모두 모여 식사를 하고 해바라기를 즐기며 추억을 쌓아갑니다.

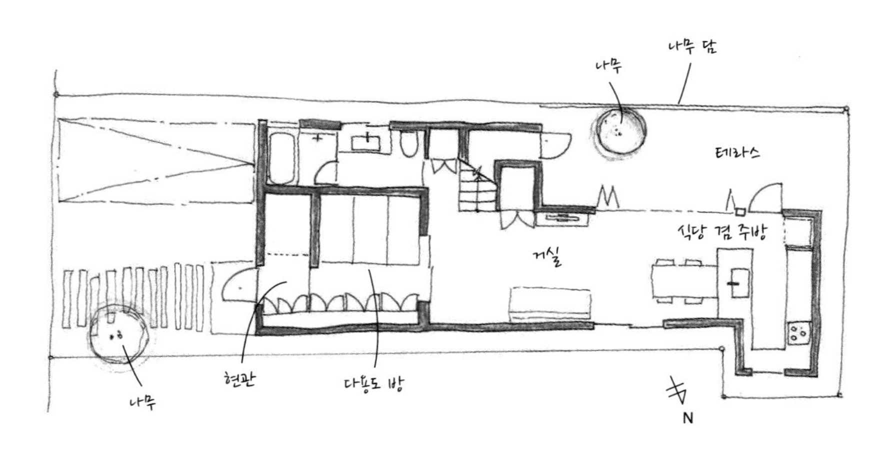

07 사생활을 지켜주는 중정

작은 집에도 중정을 만들 수 있습니다.

바깥 시선을 완전히 차단하는 내부 중정은 바깥처럼 쾌적한 환경을 만들어주면서 사생활도 보장해줍니다. 중정을 향해 있는 방과 통로에서는 자연의 변화가 그대로 느껴지지요.

일반적으로 중정은 사방이 건물로 빙 둘러진 모양을 하고 있어서, 적정 넓이가 확보되지 않으면 통풍과 채광이 부족해지는 난점이 있습니다. 중정은 본디 큰 저택에서나 볼 수 있던 사치스러운 공간이었으니까요.

작은 집에 중정을 만들면서 채광과 통풍을 확보하려면 이런저런 대책이 필요합니다. 중정을 두른 담에는 창문 수를 늘려서 틈을 만들어주고, 각 방의 높이를 아래위로 다르게 층층이 배치했습니다. 계단은 골조 타입으로 제작해 빛과 바람이 통하는 길을 만들었습니다.

어느 방에서든 시선을 조금만 옮기면 중정이 보입니다. 비록 크지는 않지만 시각적으로 여유를 주는 중정 덕분에 집이 실제 면적 이상으로 크게 느껴집니다.

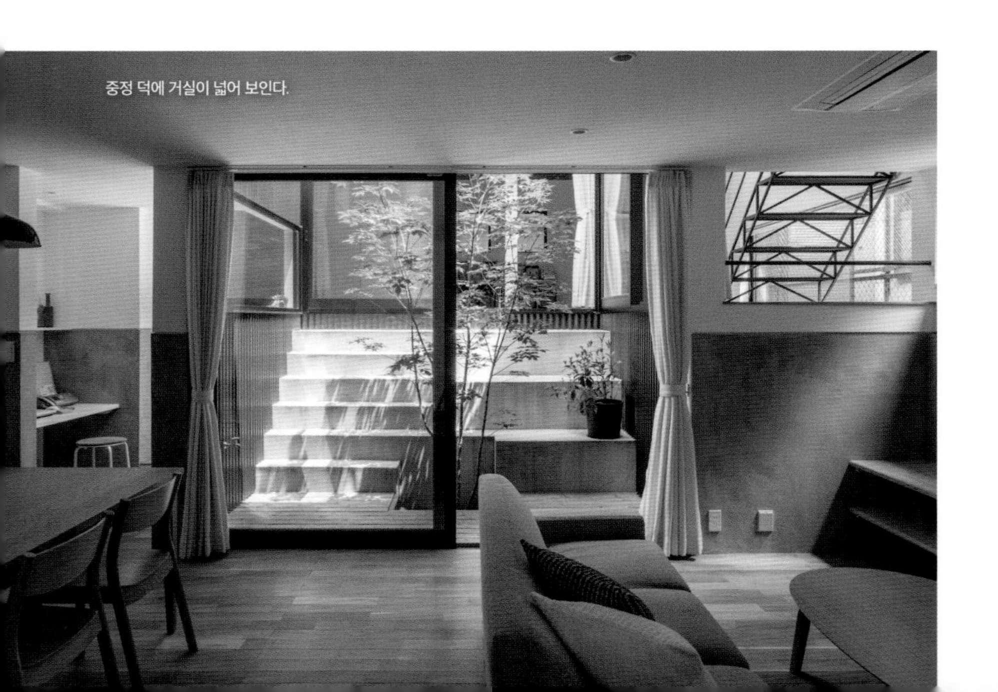
중정 덕에 거실이 넓어 보인다.

1.5층에서 본 전망. 중정이 집의 중심이 된다.

08 도시 집에서 만끽하는 하늘 풍경

69.01㎡(약 21평)의 좁은 면적에 3층짜리 집을 올려 5LDK의 주거 공간을 만들었습니다. 하지만 부지가 빠듯해서 마당이라고 부를 만한 곳이 없었습니다. 대신 각 방마다 발코니를 배치해 가족들이 마당에서처럼 느긋하게 시간을 보낼 수 있게 했지요. 2층과 3층 어느 방이든 발코니와 직접 연결됩니다.

2층 동쪽과 서쪽 두 곳, 3층 북쪽과 남쪽 두 곳. 이렇게 이 집에는 동서남북 사방으로 발코니가 있습니다. 발코니들은 위치에 따라 용도가 조금씩 다릅니다. 정면으로 도로를 향해 있는 3층 남쪽 발코니에서는 시원하게 펼쳐진 하늘을 전망할 수 있습니다. 집의 안쪽 모퉁이에 위치한 3층 북쪽 발코니는 욕실과 바로 연결되어 목욕 후 시원한 바람에 몸을 말릴 수도 있습니다. 약 20㎡ 크기의 2층 거실은 동쪽과 서쪽 발코니와 연결되어 더욱 넓어 보입니다.

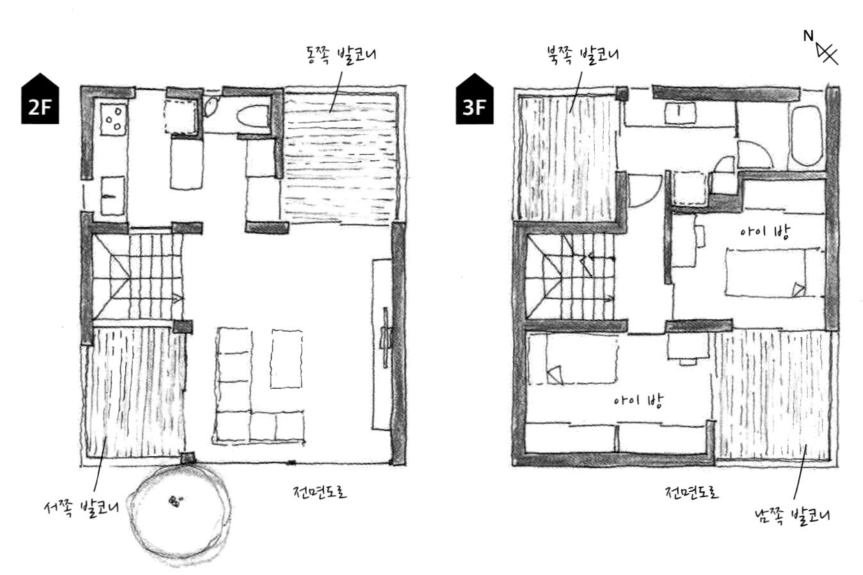

각 방과 발코니가 통하게 배치했다.

09 북향과 서향 발코니도 쾌적하다

많은 사람들이 발코니는 응당 해가 잘 드는 남향이나 동향으로 내야 한다고 여기지만, 그것이 정답은 아닙니다.

사진 속 집 서쪽에는 발코니와 연결된 식당 겸 주방이 있습니다. 발코니에 키가 큰 펜스를 설치해 여름의 따가운 석양볕을 차단하고, 남향과 거의 다름없는 환경을 조성했습니다. 서향은 여름에 특히 더워서 어떤 공간을 만들어도 지내기 불편하다는 것은 고정관념일 뿐, 빛의 각도와 발코니의 깊이를 잘 계산해 빛을 차단한다면 생활하기에 충분히 쾌적한 발코니를 만들 수 있습니다.

북향 발코니도 똑같습니다. 키가 큰 발코니 펜스를 설치해 남쪽에서 내리쬐는 햇볕을 반사시켜 실내 공간을 밝게 비추는 반사판 효과를 냈습니다. 북쪽에서 쏟아지는 빛은 강렬한 직사광이 아니라 주변을 포근하게 감싸는 확산광입니다. 그래서인지 은은하게 쏟아지는 빛 덕분에 마음이 차분해진다는 평이 많았습니다. 북향과 서향으로 거실과 식당을 내더라도 발코니를 잘 활용해 얼마든지 쾌적한 환경을 조성할 수 있다는 점 꼭 기억해두세요.

발코니 펜스가 빛을 조정하는 역할을 한다.

발코니를 쾌적하게 만드는 열쇠인 키다리 담. 서쪽 담은 석양볕을 가려주고 북쪽 담은 남쪽의 뜨거운 빛을 반사시켜 반사판 효과를 낸다.

10 외부로 오픈된 주거 겸 아틀리에 공간

현관문을 열면 전체적으로 편평한 바닥이 보입니다. 신발을 벗고 실내로 들어가는 공간, 즉 일반적인 주택에는 있음직한 현관이 이 집에는 없습니다.

이 집은 주거 공간과 작업실을 같이 꾸며, 출입문을 열고 들어가면 바로 아틀리에가 있고, 더 안쪽으로 들어가면 욕실과 침실이 있는 구조입니다. 주방과 거실은 2층에 위치합니다. 1층은 바닥 높낮이를 없애고 플랫하게 만들었는데, 신발을 신고 다니는 공간이라서 잘 오염되지 않고 청소하기 쉬운 타일로 바닥을 시공했습니다. 신발을 수납할 공간은 침실 한쪽에 마련했습니다.

어쩌면 서양식 집과 비슷해 보이지만, 나선형 계단 앞에서 신발을 벗고 올라가기 때문에 동서양의 구조를 절충했다고 봐도 되겠지요.

집과 작업실을 한 공간에 만들면 직장과 사는 곳이 가까운 편리함은 있지만 한편으로는 집과 직장, 안과 밖, 온 오프의 경계가 불분명한 단점이 있습니다. 그래서 현관을 없애고 외부에서부터 신발을 신고 들어와도 되게끔 만들어 1층을 바깥 공간으로 의식하게 했습니다. 이렇게 집과 직장을 분리했습니다.

일석삼조의 공간을 만든다

집에는 현관, 계단, 복도처럼 방과 방을 연결해주는 중간 구역이 존재합니다. 사람들은 중간 구역이 대개 공간을 잡아먹는다고 여겨서인지, 작게 만들어 집의 구석으로 몰아서 배치해버립니다. 어떻게 보면 한대를 받는 공간이지요.

이 중간 구역을 쓸모없는 곳이라고 얕보면 곤란합니다. 중간 구역은 동선을 편리하게 하고, 공간에 여유로움을 더하는 아주 중요한 역할을 합니다. 그래서 가능하면 느긋하고 여유로운 장소로 만들려고 노력합니다.

주어진 공간을 잘 분배해 여유 있는 중간 구역을 만드는 팁은, 원래의 용도에 하나의 역할을 더 플러스하는 것입니다.

예를 들면, 현관을 거실 일부로 편입시켜 공간의 여유를 주고 거기에 간접 조명을 배치해 갤러리로서의 역할도 하게끔 하는 것이지요.

그러면 일석이조 혹은 일석삼조의 공간이 탄생합니다. 소소한 즐거움을 주고 마음의 여유를 가져다주는 중간 구역의 가치를 다시 생각해본다면, 분명 우리 집에 마침맞은 활용법이 떠오를 거예요.

11 중정 + 현관 + 거실

이 집은 중정과 현관을 거쳐 거실까지의 공간이 일체형으로 이루어져 있습니다.

대문을 통과해 현관으로 들어서면 거실과 식당이 바로 연결되는 구조입니다. 현관 주변이 홀에서 거실이 되었다가 다시 식당이 되는, 다양한 표정을 지닌 다기능성 공간인 것이지요.

도시에 있는 작은 집의 경우, 현관은 좁고 어두운 곳으로 취급받아 방치되기 쉽습니다. 현관이 죽은 공간이 되어 버리면 집의 인상도 어두워지기 마련입니다.

거기서 떠오른 생각은 현관, 중정, 거실을 연결해 밝고 개방감 있는 장소로 만드는 것. 그 아이디어를 실행에 옮기자 방치되던 현관은 가족이 즐겁게 모여 시간을 보내는 장소로 변했습니다.

현관은 하루에도 몇 번이고 가족이 드나드는 장소인 만큼 더 넓고 밝은 공간으로 만들어야 집에 대한 만족도가 훨씬 높아집니다.

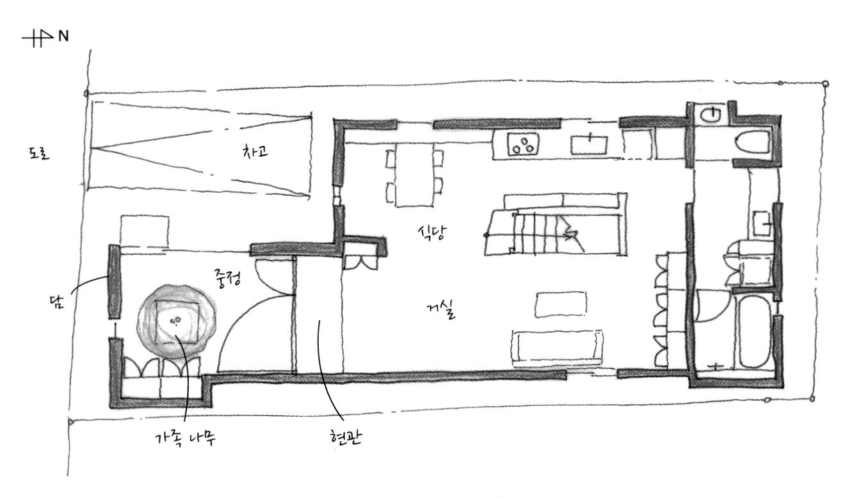

중정, 현관, 거실을 일렬로 배치해 연속성을 주었다.

12 현관 + 계단 + 수납장

나선형 계단은 좁은 공간에도 설치할 수 있고 세련된 느낌을 주어 작은 집을 지을 때 든든한 아군이 되어줍니다.

사진 속 나선형 계단은 180×180㎝ 면적에 꼭 맞는 작고 경제적인 사이즈입니다. 한 평 정도의 공간이면 시공이 가능해요. 층계참이 있는 일반적인 형태의 계단이라면 한 평 반 정도의 공간이 필요합니다. 계단 옆 벽면에는 천장 높이만큼 긴 책장 겸 수납장을 짰습니다.

이 집의 경우에는 계단이 현관 바닥에서 시작되도록 설치해 공간을 더욱 알뜰하게 사용했습니다. 실제로 살아보면 현관에서 신을 벗고 바로 위층으로 올라가는 동선은 굉장히 편리합니다.

계단은 챌판이 없는 골조 타입입니다. 3층 꼭대기 천창에서 내려오는 햇볕이 나선형 계단을 통해 아래층까지 도달하기 때문에 채광이 확실히 보장됩니다. 날렵한 모양의 나선형 계단으로 공간에 포인트를 주고 공간의 협소함도 해결해 모던하고 밝은 현관 홀이 완성되었습니다.

현관에서 천창까지를 하나의 커다란 공간으로 만들었다.

13 욕조 + 변기 + 세면대

욕실과 화장실이 분리되어 있고 세면대도 욕실 바깥에 설치하는 것이 일본식 주택의 특징입니다. 이것이 작은 집에도 똑같이 적용된다면 이 공간들이 비좁아지는 것은 당연지사겠지요.

가족이 하루에도 몇 번씩 드나드는 장소인 만큼, 욕실과 화장실이 좁으면 사소하더라도 반복적으로 스트레스가 쌓이게 됩니다.

이런 문제점은 욕조와 변기와 세면대를 한곳에 만들어 해결합니다.

하나의 욕실을 만들어 욕조·변기·세면대를 한꺼번에 배치하면, 면적이 크지 않더라도 동선을 넓게 확보할 수 있습니다. 따로 분리할 때보다 훨씬 넓고 사용하기 편리한 공간으로 탄생하는 것이지요. 게다가 혼자서 이 큰 공간을 독차지할 수 있으니 쾌적함은 배가 됩니다.

호텔이나 다른 나라에서는 이런 일체형 욕실이 흔합니다. 어딘지 세련된 분위기를 풍기기도 해서 건축주에게 인기가 많은 설계 형태 중 하나입니다.

욕실과 화장실을 한 공간에 두었더니 호텔 같은 느낌이 든다.

유리문으로 욕조와 변기 사이를 분리해
작은 욕실이 개방감 있고 넓어 보인다.

14 개방형 계단＋거실＋의자

제한된 토지를 최대한 활용하기 위해 지하+2층 높이의 외관에, 내부는 반 층마다 공간이 있는 스킵플로어 구조를 채택해 7층으로 시공한 집입니다.

현관에서 계단을 조금만 오르면 바로 식당 겸 주방이 보입니다. 그리고 몇 계단을 더 오르면 거실이 이어지고, 최상층 아이 방까지 같은 식으로 연결됩니다. 계단이 각 층을 리드미컬하게 연결해 동선의 중심이 됩니다.

각 층을 이어주는 건 시야가 확 트이는 개방형 계단입니다.

디딤판 사이의 챌판을 없애 건너편이 보이는 구조로, 계단을 통해 각 층의 모습이 눈에 들어와 집 전체에 자연스러운 일체감이 생깁니다. 계단 상부에는 천창을 달아서 집 전체를 밝게 만들었습니다.

계단은 아이들의 놀이 장소가 되기도 합니다. TV를 보거나 책을 읽을 때 의자 대신이 되기도 하지요. 그래서 아이의 친구들이 놀러오더라도 의자 수가 부족할까 걱정하지 않아도 됩니다. 계단을 거실의 일부로 동화시킨 공간 설계입니다.

층계참을 오를 때마다 방이 펼쳐진다.

FOR
L.C.P

15 복도 + 갤러리 + 수납장

작은 집의 복도는 좁고 어두워지기 쉽지요. 하지만 용도를 추가하고 새롭게 디자인하면 단순한 통로의 역할을 뛰어넘어 공간을 여유롭게 만드는 유효한 장소가 됩니다.

이 집의 부지는 가로로 긴 형태여서 설계상 좁고 기다란 복도를 만들게 되었습니다. 대신 구조의 특성을 살려 복도를 따라 긴 탁자를 설치했더니 마치 갤러리와 같은 공간이 탄생했습니다.

복도에 설치한 탁자 아래는 수납공간으로 활용합니다. 천장 높이까지 수납장을 설치해 수납공간을 늘릴 수도 있지만, 욕심 부리지 않고 공간의 여유를 남겼습니다.

작은 집 만들기에서 중요한 것은 뺄셈입니다. 어떠한 용도로 한 공간을 촘촘히 채우는 것보다는 놀리거나 여백으로 두는 편이 시각적으로 편안하고 생활하기에 편리합니다.

천창에서 빛이 쏟아지는 계단실.

계단실 천창의 빛이 복도로 쏟아져서
테두리를 두른 듯한 모습이 되었다.

16 복도+세면 공간+탈의 공간

앞 쪽에서 소개한 갤러리 복도의 반대편 모습입니다. 복도와 세면대를 결합해 개성 있게 배치했습니다.

손을 씻는 용도로 긴 탁자에 심플하게 고정시킨 싱크볼은 마치 공공장소의 세면대와 같은 느낌을 줍니다.

일본 주택에서는 세탁기와 세면대를 함께 두는 것이 일반적이지요. 하지만 작은 집에서 이 둘을 한곳에 배치하면 공간이 굉장히 답답해지고 맙니다. 그럴 바에야 세면대를 세탁기와 분리해 복도에 설치하는 편이 공간을 개성 있게 개방감 있게 활용할 수 있어서 좋습니다.

현관에서 방으로, 방에서 방으로 이동하는 복도에 세면대가 있으면 집에 들어와 바로 손을 씻는 일이나 식후에 하는 양치질도 더 이상 귀찮지 않겠지요.

이 복도는 예상 밖의 용도로 이용되기도 합니다. 화장실 벽에 숨겨진 미닫이문을 당겨서 닫으면 복도의 일부가 탈의 공간으로 변신합니다. 복도 공간을 최대한 효과적으로 활용한 배치의 예입니다.

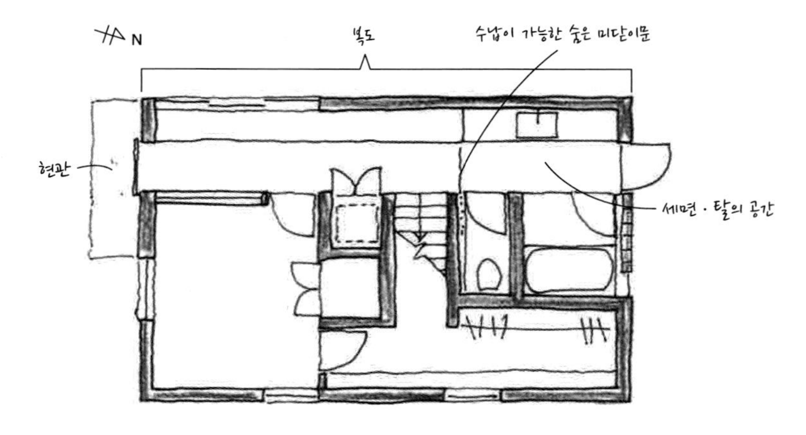

복도의 일부분은 세면 공간과 탈의 공간이 되도록 배치했다.

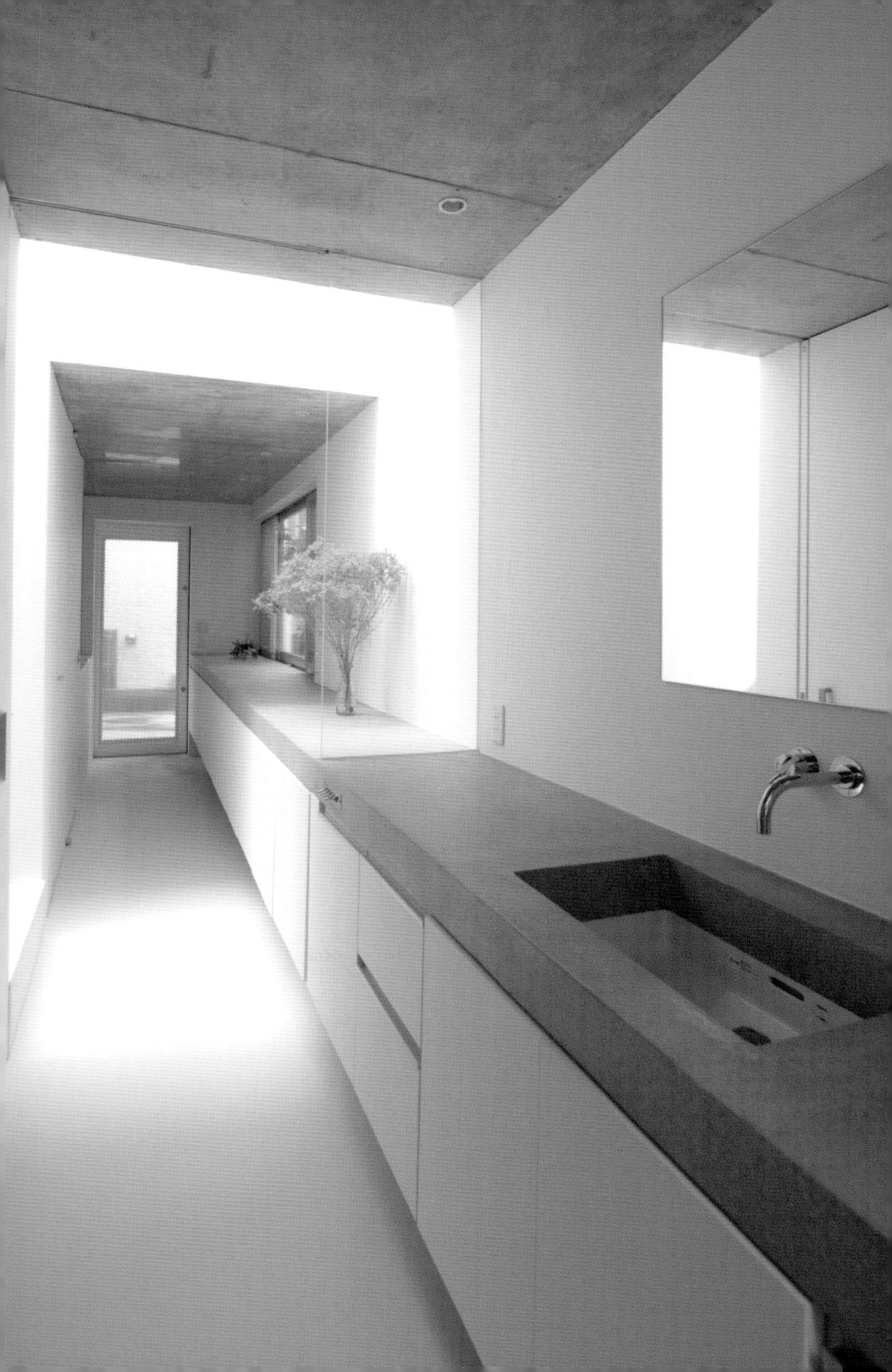

17 거실 + 복도 + 다용도 방 + 현관

"아이가 집에 돌아오면 일단 거실을 지나쳐서 방으로 들어가는 구조였으면 해요."

이것이 건축주 부부가 제시한 집의 우선 조건이었습니다.

현관문을 열면 거실 겸 식당이 한눈에 보이도록 배치하고, 거실을 넓게 사용하는 데 비중을 두고 작업했습니다. 어른과 아이를 합쳐 열 명 넘는 사람들을 모아 자주 파티를 연다는 건축주 부부에게, 현관에서 바로 거실로 연결되는 공간 배치는 적절해 보입니다.

평소에는 현관 앞에서 거실이 모두 보이는 상태지만, 손님이 온다면 벽에 수납해 둔 미닫이문을 닫아서 거실과 현관을 분리할 수도 있습니다.

거실은 나중에 칸막이 문을 달아 손님방으로 활용할 수도 있습니다. 현관 홀은 거실이 되었다가 복도가 되었다가 가끔은 손님방으로도 변신하는 유동적인 공간으로 활용할 수 있습니다.

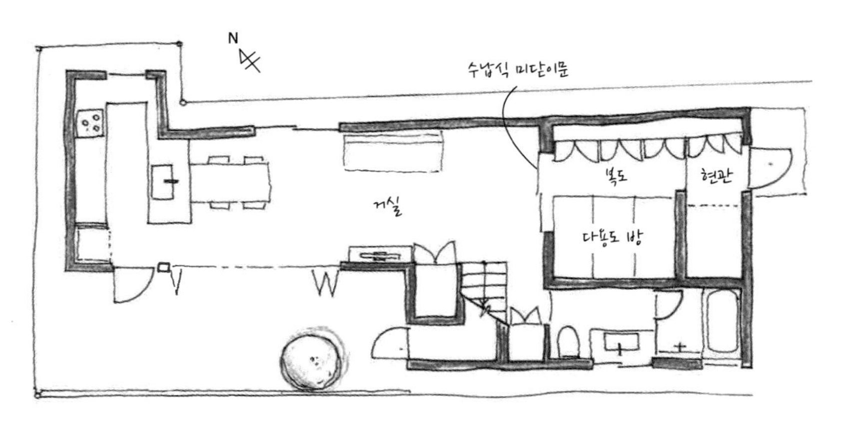

미닫이문을 활용해 공간을 독립적으로 혹은 개방적으로도 사용할 수 있다.

18 봉당 + 복도 + 계단 + 도그 런

오래 전 가옥에는 봉당이 있었습니다. 흙과 석회, 모래 등으로 밟아 다져 지면과 같은 높이로 만든 실내 공간을 봉당이라고 합니다. 집 안에서 유일하게 흙발로 출입할 수 있는 곳이기 때문에 작업장, 취사장, 현관 등 폭넓은 기능을 하며 생활의 중심이 되었습니다.

안과 바깥을 적절히 절충하는 봉당의 특성과 특유의 유연성은, 집 안에도 자유롭게 활용할 수 있습니다.

이곳은 5인 가족과 반려견이 함께 사는 집입니다. 현관을 열면 바로 봉당으로 이어지고, 깊이감 있는 모르타르 바닥이 펼쳐집니다. 봉당을 강처럼 집 한가운데를 흐르게 배치해서 자유롭게 안으로 진입할 수 있는 현관 겸 복도가 완성되었습니다.

한여름 툇마루처럼 가볍게 걸터앉아 수박을 먹을 수 있는 공간을 원한다는 건축주의 의견으로 탄생한 봉당. 덕분에 가족의 일원인 반려견도 집 안을 자유롭게 돌아다닐 수 있게 되었습니다.

19 봉당 + 계단 + 자전거 보관 + 놀이터

현관 공간을 마음껏 확장시켜 봉당으로 만들면 어떨까요? 집 안에 자전거 둘 곳이 있으면 좋겠다던 건축주의 요구에 마음놓고 뛸 수 있는 놀이터가 탄생했습니다.

사실 작은 집 안에 널따란 봉당을 따로 만드는 데는 한계가 있습니다. 그래서 계단실과 복도, 수납 공간을 한데 묶어 봉당으로 만들었습니다. 일반적인 현관이라는 틀을 벗어나 아예 확장해버린 것이지요.

이 집은 현관이 곧 봉당이므로 신발은 어디서든 자유롭게 벗으면 됩니다.

안도 바깥도 아닌 중간 구역이 만들어져, 실내에서는 실천하기 어렵던 일을 해결할 수 있게 되었습니다. 비 오는 날에도 아이들은 봉당에서 줄넘기를 할 수 있습니다. 미루어 두었던 자전거 손질을 하고, 휴일에는 목공일을 해도 좋겠지요. 이렇게 집에서 즐거움을 찾아갑니다.

빛과 바람을 끌어들이는 장치를 만든다

도시의 작은 집에는 빛과 바람을 집 안으로 끌어들이는 장치가 꼭 필요합니다. 여기서 자주 활용되는 것이 창과 계단입니다.

바깥을 보기 위한 창이 있다면 빛을 끌어오기 위한 창이 있고 바람이 드나들기 위한 창도 있습니다. 즉, 창에는 저마다의 역할이 있습니다. 그렇기 때문에 창은 목적과 용도를 잘 고려한 후에 사이즈와 형태를 정하고, 유리의 종류와 창틀에 이르기까지 소재에도 신경 써서 설계해야 합니다.

설치하는 목적을 잘 이루기 위해서는, 크기와 모양이 정해진 기성 창보다 집의 크기와 방의 형태에 꼭 맞게 주문해 만드는 창이 더 합리적입니다. 공간과 잘 어울리고 시각적으로 더 넓어 보이는 효과도 얻게 됩니다.

계단 역시 빛과 바람을 집 안으로 끌어들이는 수단입니다. 계단은 전 층을 관통해 공간을 이어주는, 몇 안 되는 집의 요소 중 하나입니다. 계단과 천장의 소재, 형태, 위치까지 계산해 설계하면 1층에서 최상층까지 천장을 틔운 것과 다르지 않은 개방감을 느낄 수 있습니다.

20 아래 층에서도 천창의 채광 효과를

천창을 설치해서 발생하는 효과는 최상층 방에만 한정되지 않습니다.

이 집의 주방은 전체 3층 중 2층에 위치합니다. 철근 콘크리트 구조 건물에 3층 동쪽 벽을 약간 안쪽으로 들어가게 시공해 2층 천장이 드러나게 했습니다.

그곳에 유리블록을 일렬로 설치해 천창을 만들었습니다(아래 사진 참조).

유리블록을 통해 쏟아지는 빛이 2층의 거실과 주방을 환하게 밝혀줍니다. 일반 유리창이 아닌 유리블록을 달아서 빛과 그림자의 다채로운 변화를 거실과 주방에서 감상할 수 있습니다.

오밀조밀 붙어 있는 도시 집의 특성상 이웃집과 가까운 쪽에 창문을 내면 시선과 소음 등으로 서로 불편할 수 있습니다. 하지만 하늘을 향해 환히 트인 천창이라면 채광을 확보하면서도, 이웃의 시선을 신경 쓰지 않아도 됩니다.

유리블록을 통과하는 빛과 그림자의 변화가 다채롭다.

21 천창은 일반 창 3배의 채광 효과를 낸다

주택이 밀집된 곳이나 북향이라도 햇볕을 확보할 방법은 있습니다.

만약 최상층 방이라면 설계에 천창을 포함시켜 충분한 채광을 확보하면 됩니다. 천창은 벽면에 시공하는 일반 창과 비교해 약 3배의 채광 효과가 있습니다.

옆 사진에서 보이는 것처럼 경사진 천장에 창을 내었더니 북향이지만 부드럽고 포근한 빛이 들어오는 방이 되었습니다.

천창의 장점은 또 있습니다.

바로 통풍입니다. 따뜻한 공기는 아래에서 위로 상승하는 성질이 있습니다. 그래서 천창을 열면 아래에 고인 공기가 위로 올라가 밖으로 빠져나가는데, 이때 바깥바람이 자연스럽게 방 안으로 들어옵니다. 천창은 벽에 낸 창보다 통기량이 2~4배 정도 많다는 연구 결과도 있습니다.

천창은 도시 속 작은 집의 쾌적함을 높이기에 아주 효과적인 수단입니다.

욕실에 시공한 천창으로 매일 노천온천에 온 기분을 낼 수 있다.

22 이웃집과 도로 쪽 창은 높이가 관건

빛과 바람을 확보하기 위해 창을 내는 것은 집 짓기의 상식입니다. 하지만 도시의 작은 집에서도 기능적으로 옳은 선택이 될까요?

작은 땅에 집을 지을 때는 부지를 최대한 끝까지 사용해 건물을 올리기 때문에 도로와 건물 간격이 좁아지기 마련입니다. 도로 쪽에 창을 낸 집에 살아보면, 바깥에서 들어오는 시선에 커튼을 가린 채 생활하거나 방범상의 이유로 겉창을 계속 닫아두는 경우가 실제로 적지 않습니다.

경계선과 닿을 만큼 도로와 가까운 집이라면 도로 쪽 1층 창문은 높이를 고려해 시공해야 합니다.

채광과 통풍이 목적이라면 지면에서 170㎝ 정도로 높은 위치에 창을 내거나 아예 지면에 가깝게 창을 냅니다. 이렇게 하면 채광과 통풍을 확보하면서 바깥의 시선을 차단시켜 사적 공간을 보호할 수 있습니다. 이러면 커튼을 걷거나 겉창을 열어도 안심입니다.

23 존재감을 감춘 창으로 넓어 보이게

방의 메인 창은 최대한 크게 내야 작은 집이 더 넓어 보입니다.

만약 거실이라면, 테라스 쪽 창은 가급적 상하좌우로, 그러니까 양 벽과 바닥, 천장이 꽉 차도록 만들어야 합니다.

그러면 거실에서 테라스까지 시선이 자유롭게 움직여 거실이 실제 면적 이상으로 넓어 보이게 됩니다.

작은 집에서 가장 이상적인 창은 존재감이 없는 창입니다.

창문을 응시할 때, 창의 존재를 느끼기 전에 바깥의 푸른 하늘과 초록빛 나무처럼 기분 좋은 풍경에 먼저 눈이 간다면 어떨까요. 마치 영화 속 조연처럼 주연을 돋보이게 하는 창이 거실과 식당에 가장 이상적이라고 볼 수 있습니다.

조연의 효과를 내기 위해서는 창을 방 크기에 꼭 맞고 공간과 잘 어울리게 주문 제작하는 편이 좋습니다.

24 계단은 집 전체에 빛을 전하는 통로

사진은 익스펜디드 메탈이라는 스틸 소재를 사용한 계단의 모습입니다. 발을 딛는 디딤판은 그물형으로 택하고 디딤판 사이의 챌판을 없앴습니다. 천장과 벽에 낸 창을 통해 들어온 빛이 이 골조 계단을 타고 각 층으로 전달되는 구조입니다.

작은 집을 지을 때 큰 고민 중 하나가 바로 계단실의 배치입니다. 계단 자체가 공간을 꽤 차지하다 보니 거실을 넓히는 데 비중을 두고 설계를 하면 계단 폭이 좁고 가팔라져 불편해집니다. 그래서 아예 집의 구석진 곳으로 몰아버리기도 하는, 말하자면 숨기고 싶은 존재가 된다고 할까요.

하지만 계단실은 집 전체 층을 관통하기 때문에 집 내부에서는 드물게 통로 역할을 합니다. 계단을 골조 타입으로 시공하면 비교적 어두운 1층과 지하실까지 빛이 도달할 수 있습니다.

매일 오르내리는 계단이 빛으로 환해진다면 덩달아 기분도 밝아지겠지요.

천창에서 들어온 빛이 골조 계단을 통해 아래 층까지 닿는다.

25 천창으로 늘 건조한 욕실을 유지

욕실의 세면대와 욕조 사이의 천장에 통째로 창을 달았습니다. 바닥은 타일로 통일해 욕실이 말끔하고 널찍해 보입니다.

북동쪽에 자리한 욕실이지만, 천창을 통해 쏟아지는 빛 속에서 쾌적하게 목욕을 즐길 수 있습니다.

욕실에 천창을 달면 장점이 정말 많습니다.

하늘을 전망하는 즐거움도 쏠쏠한데다 기능적으로도 좋은 점도 있습니다. 빛이 충분히 들어와 욕실이 금방 마르고, 항상 청결한 상태가 유지되는 것이지요.

장마철을 대비해 난방 건조기를 설치했지만, 천창 덕분에 습기가 금방 없어져서 사용할 일이 거의 없다고 합니다. 오히려 날씨 상관없이 욕실에 빨래를 널 때가 더 많다고 하니 천창의 장점은 더 설명할 필요가 없겠지요. 햇볕에는 살균 효과도 있으니, 욕실과 화장실에는 자연광이 꼭 필요합니다.

일렬로 시공한 천창과 단색 타일로 통일한 공간은 넓고 말끔해 보인다.

26 유리벽의 채광 능력을 활용한다

외부적 요인으로 방의 채광창을 충분히 확보하지 못했다면 집 안에서 빛을 빌려와 해결합니다.

사진 속 유리블록이 있는 벽의 건너편은 1층을 틔운 거실의 천장입니다. 2층 높이의 천창으로 들어온 빛을 유리블록을 통해 실내로 끌어들였습니다. 밤이 되면 유리블록 건너편의 조명이 스며들어와 따뜻한 분위기를 연출합니다.

외벽 창으로 자주 사용되는 유리블록이지만, 이렇게 실내 구조에 적용하기도 합니다. 외벽에 설치하는 경우는 방수 처리와 같은 추가 공정이 필요하지만, 실내라면 과정이 비교적 간단해집니다.

벽면 전체를 유리로 시공하는 경우도 있습니다. 계단과 방 사이의 벽을 유리로 시공하면, 계단실의 빛을 방으로 끌어오고 반대로 방의 빛을 계단실로 보낼 수도 있습니다. 투명한 유리벽은 공간을 넓어 보이게 하는 시각 효과가 있어서 작은 집에서 다양한 용도로 활용됩니다.

27 실내창이 주는 개방감과 비일상감

창이 반드시 외부를 향해야 할 필요는 없습니다.

방과 방 사이에 실내창을 내면 다양한 분위기를 연출할 수 있어, 특히 아이가 있는 집에서 인기가 많습니다.

아래 사진처럼 거실과 계단을 분리하는 벽에 작은 실내창을 내었더니 거실 가득한 빛이 계단으로도 들어올 수 있었습니다.

실내창을 달면 채광과 통풍이 확보되는 것 외에도 계단과 거실 양쪽으로 시야가 넓어져 공간이 커 보이는 이점이 있습니다. 같은 이유로 다른 집에서는 계단실의 2층 부분과 맞닿은 아이 방에 실내창을 시공하기도 했습니다(111쪽 참조).

벽으로 가로막힌 방에 실내창을 내어 공간을 자연스럽게 연결하면, 가족이 서로 더 잘 살필 수 있는 환경이 만들어집니다.

빈 창에 격자를 붙여 아기자기한 분위기를 연출했다. 실내창은 디자인의 폭이 넓어 색다른 즐거움을 준다.

28 북향 집을 추천하는 이유

도시에서 집을 짓는다면 토지의 방위는 크게 신경 쓰지 않아도 됩니다. 지금까지 소개한 것처럼 창과 계단과 테라스 등을 이용해 빛과 바람을 집 안으로 충분히 끌어들일 수 있기 때문입니다.

일반적으로 사람들은 남측 도로를 낀 토지는 볕이 잘 들어 집을 앉히기에 좋고, 북측 도로를 낀 토지는 어두침침해 집을 설계하기 까다롭다고 생각합니다. 남측 도로를 낀 토지가 북측 도로를 낀 토지보다 가격이 비싼 이유도 그런 가치관이 반영된 결과지요.

이렇게 좁은 도시의 토지 형편에 방위 이상으로 까다롭고 걸림돌로 작용하는 것이 있습니다. 바로 사선제한입니다. 내 땅이니까 내 마음대로 집을 크고 높게 지어도 되는 게 아니라, 건물이 일정 높이를 넘기면 경사지게 깎아서 설계해 이웃집의 일조권을 보장해주는 법률입니다.

알기 쉽게 설명하면, 남측 도로를 끼고 있는 토지라면 일단 남쪽이 도로 사선

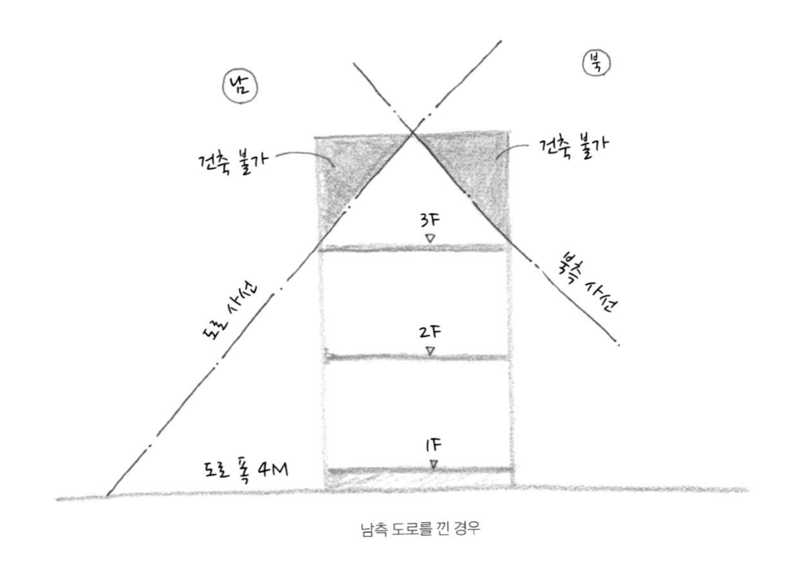

남측 도로를 낀 경우

제한에 걸립니다. 거기에 북측 사선제한에도 걸리게 되지요. 높이 제한 없이 마음대로 집을 지으면 북쪽에 위치한 인접지에 볕이 들지 않기 때문입니다.

즉, 남측 도로를 낀 토지에 집을 지으면, 3층부터는 남쪽과 북쪽 모두가 사선으로 깎여버려 3층의 주거 공간이 현저하게 줄어들게 됩니다.

반대로 북측 도로를 끼고 있는 토지라면, 도로 사선제한과 북측 사선제한이 중복되므로 어느 한쪽만 적용하면 됩니다. 즉, 깎이는 방향은 북쪽 한 곳에 그칩니다.

제한된 토지를 최대한 효과적으로 활용해 집을 짓는 게 우선이라면, 북측 도로를 낀 토지를 사는 편이 좋습니다. 남측 도로 쪽과 비교해 싸고, 집을 더 크게 지을 수 있는 가능성이 커지기 때문입니다.

실제로 토지를 구입할 예산은 빠듯하게 정해져 있습니다. 그렇다면 토지를 효율적으로 사용해 주거 공간을 넓히고 싶은 사람에게는 북측 도로를 낀 토지가 더 좋은 선택이 될 수 있습니다.

※ 도로 사선제한법은 한국에서는 2015년에 폐지되었다. 하지만 일본에서는 아직 적용되고 있고, 본문은 어디까지나 일본 건축법에 대한 내용이다. 대신 한국에는 일조권 사선제한법이 있기 때문에 집을 지을 때 꼭 고려해야 한다.

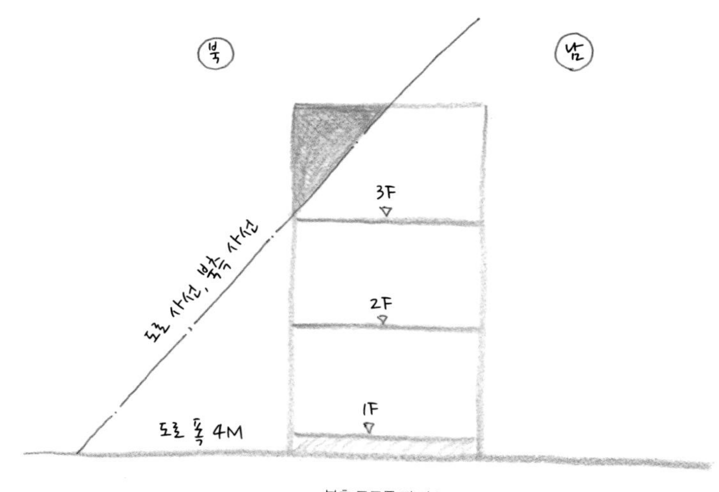

북측 도로를 낀 경우

29 북향 집을 밝혀주는 창 설치법

북향 집은 빛이 잘 들지 않고 어두울 거라는 이미지가 있지만, 그저 남향처럼 강한 직사광이 들지 않을 뿐입니다. 대신 부드럽고 포근한 확산광이 들어오지요.

아래 사진은 북측 도로를 끼고 있는 토지에 지은 집으로, 식당이 밝았으면 하는 건축주의 당부가 있었습니다. 하지만 남쪽으로는 이웃집이 가까이 붙어 있어 식당을 남쪽으로 배치하기에는 무리가 있었습니다. 그래서 대안으로 북쪽에 유리블록 벽과 창문을 시공해 주요 채광면을 북쪽으로 두었습니다. 2층 현관문을 열면 바로 오른쪽에 자리한 식당은 북향임에도 부드러운 빛으로 가득한 공간이 되었습니다.

만약 남향 집에 이처럼 대담하게 유리블록을 설치했다가는 여름에 더워서 살기 불편한 집이 됩니다. 하지만 북향은 한 해 동안 드는 빛의 양이 비교적 안정적입니다. 그래서 창을 마음껏 내고 살아도 일상생활에 지장이 없지요. 유리를 많이 활용한 도회적인 느낌이 드는 주거 공간을 원한다면 더욱 북향 집을 추천합니다.

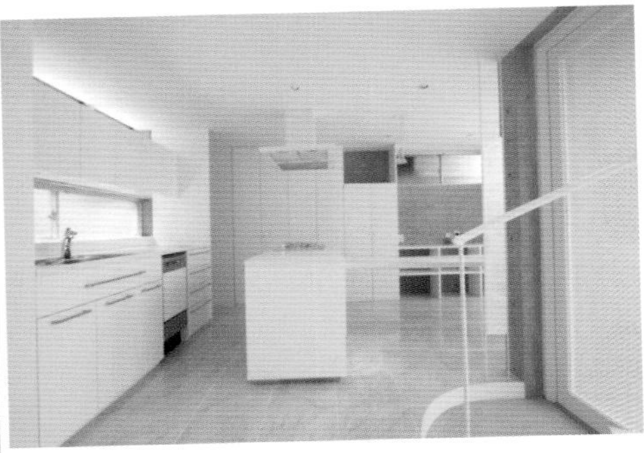

좌 유리블록 벽을 많이 설치해,
위 채광을 확보한 북쪽 식당 공간.

눈의 착각을 이용한다

사람은 넓이를 어떻게 인식할까요? 머리로 떠올린다면 숫자에 의존하겠지요. 반면 오감으로 넓이를 인식할 때는 숫자보다 감각이 앞서게 됩니다.

방의 크기는 사실 아주 상대적입니다. 방의 깊이와 폭과 높이, 그리고 창 배치에 따라서도 그 크기가 다르게 느껴지고, 내부 색상에 따라서도 그 느낌이 달라집니다. 즉, 다양한 요소가 뒤섞인 상태에서 사람은 넓고 좁음을 인식하게 됩니다. 그 요소들을 훌륭하게 활용하면 3평짜리 방이 4평짜리 방으로 보일 수 있습니다.

널찍한 공간을 원할 때는 넓어 보이는 연출에 중점을 둡니다. 하지만 사람의 취향은 제각각이라 공간 자체의 아담한 느낌을 그대로 살리고 싶을 때도 있습니다. 그럴 땐 작고 아늑한 세계를 만들어내기 위한 다양한 장치를 고민하게 됩니다.

공간을 넓어 보이게 하려면 먼저 개방감과 깊이감 있는 설계가 우선입니다. 그리고 공간 안에 특징적인 요소를 하나 집어넣어 시선을 그곳으로 유도하면 방의 크기를 의식하지 않게 됩니다.

방으로 들어설 때 가장 먼저 시선이 향하는 곳은 어디인가요? 방의 첫인상을 염두에 두고 설계를 하면 면적이 작더라도 편안함을 느끼는 공간을 만들 수 있습니다.

30 경사진 천장의 공간 활용법

좁은 땅에 집을 지으면 사선제한에 크게 영향을 받아 2층이나 3층은 경사 지붕이 될 때가 많습니다. 따라서 내부 천장도 경사지게 기울어집니다.

이렇게 천장이 기울면 기운 쪽의 공간은 낮아지게 되지요. 하지만 단점은 생각하기에 따라서 장점이 되기도 합니다.

경사진 천장은 개방감과 차분함을 동시에 줄 수 있습니다. 천장의 각도를 잘 이용하면 사각형 천장보다 더 흥미롭고 재미있게 연출할 수 있습니다.

천장이 너무 높으면 마치 무대 위에 선 것처럼 마음이 불안해지는데 이때 한쪽 방향을 낮추어주면 안정감을 느낄 수 있습니다.

경사진 천장은 집의 디자인을 돋보이게 하는 데도 유리합니다.

아래 사진 속 집은 지붕 골조에서 힌트를 얻어 서까래를 얹은 형태로 천장을 디자인했습니다. 바닥재도 목재로 통일해 나무 특유의 자연스러운 분위기가 살아납니다.

2층 전체가 경사지게 시공된 집. 서까래를 연속으로 배치해 깊이감을 강조했다.

경사진 천장을 활용해 창을 달았다.

오두막처럼 포근한 침실 ➡

위 사진과 같이 경사진 천장에 창을 달아서 하늘과 별이 보이게 설계하는 방법도 있습니다.

경사진 천장이라도 창을 내면 일반적인 천창과 동일한 효과를 얻을 수 있습니다. 즉, 벽면에 시공한 창보다 3배에 가까운 채광이 확보됩니다.

또한 창을 여닫을 수 있게 설치하면 환기에도 도움이 됩니다. 집 안 높은 곳에 창이 있으면 따뜻한 공기가 아래에서 위로 이동해 공기가 순환하기 때문입니다. 특히 주택이 밀집한 지역에서는 경사진 천장을 시공하는 편이 채광과 통풍을 확보하는 데 유리합니다.

옆 사진 속 침실에는 2층 경사진 천장에 들보를 설치해 오두막과 같은 분위기를 냈습니다. 천장 연출에 따라 방의 분위기가 달라지는 것도 경사진 천장의 이점입니다. 격자 모양으로 짠 들보는 나중에 로프트(loft)로 시공해도 됩니다.

이렇게 다양한 방법으로 사선 천장 방에도 쾌적성, 디자인, 실용성을 구현할 수 있습니다.

31 벽은 여유로운 공간을 연출하는 숨은 공신

벽은 새롭고 깨끗한 하나의 캔버스입니다.

큰 벽이 있으면 무의식 중에 한쪽에 창을 내고 다른 쪽에 수납 선반을 달고 나머지 공간에 장식품을 걸게 됩니다. 나름 넓은 벽을 효과적으로 사용하기 위한 행동들입니다.

작지만 공간이 여유로운 집을 지으려면 벽은 존중되어야 마땅한 요소입니다. 함부로 창을 내고 수납장을 넣어서 벽이라는 하나의 연속되는 면이 끊어지면, 공간의 확장도 도중에 멈추기 때문입니다.

사진 속 집을 보면 베란다의 큰 창 이외에는 거실이 거의 벽으로 둘러져 있습니다. 대신 TV가 있는 동쪽 벽에만 천창을 설치해 빛이 자연스럽게 내려오게 연출했습니다. 시간에 따라 변하는 빛과 그림자의 실루엣이 벽을 비출 때마다 벽은 캔버스를 대신하는 훌륭한 예술 작품이 됩니다. 작은 집 안에 넓고 아름다운 벽을 만들어 소소한 사치를 누려보아도 좋겠지요. 감성이 풍부해지는 데 도움이 됩니다.

잊힌 존재가 될 때도 많지만 깨끗한 벽이야말로 공간을 풍요롭게 만드는 중요한 요소입니다.

32 한 평이 안 되는 공간을 약 한 평 반으로

사진은 벽장을 설치한 작은 방입니다. 주방 옆에 자리한 작은 방이지만 여러 용도로 활용할 수 있는 흥미로운 공간입니다. 밤이면 조명을 밝힌 정원의 단풍나무를 감상하면서 술잔을 기울이기에도 좋고, 독서를 하기에도 안성맞춤입니다. 낮에는 세탁물을 정리하거나 낮잠을 자는 용도로 이용해도 좋습니다. 아담한 방이지만 융통성 있게 쓰입니다.

하지만 넓이로 따지면 3.24㎡로 한 평이 채 되지 않습니다. 이불 한 채가 깔릴 듯 말 듯 애매한 크기입니다. 해결책으로 벽장을 바닥에서 40㎝ 정도 띄워서 시공해 4.86㎡ 정도의 바닥 면적을 확보할 수 있었습니다. 이 사이즈면 두 사람이 함께 잠을 청할 정도의 공간은 됩니다. 즉, 손님방으로도 활용할 수 있다는 것이지요.

평소에는 벽장 아래 공간에 장식품을 놓거나 화병을 장식해 멋지게 연출해도 좋습니다. 좌식으로 꾸민 공간은 시선을 아래로 향하게 해서 실제 면적보다 넓어 보입니다. 다용도 방과 이어지는 작은 정원에는 살마루를 깔아 넓고 활용도가 높은 공간으로 꾸몄습니다. 아담하고 오밀조밀한 연출을 원한다면 정원 폭을 좁혀 안뜰로 만들어도 잘 어울립니다.

빨래를 개거나 낮잠을 청하고 독서를 하는 용도로 이용되는 공간. 운치가 있어 저물녘 가볍게 술을 마시는 장소로도 알맞다.

33 벽면 수납장은 개방감을 주어 여유롭게

작은 집일수록 그 집에 꼭 맞는 붙박이장이 필요합니다.

실내 공간에 딱 맞게 붙박이장을 짜서 죽는 공간이 생기는 것을 방지하고, 공간을 낭비 없이 최대한 활용하기 위해서입니다. 게다가 실내 동선을 미리 고려해 적당한 사이즈와 알맞은 위치에 설계하면 공간을 많이 차지하지 않습니다. 생활 패턴에 잘 맞고 어울리는 수납장이 완성되는 것이지요.

2세대가 함께 살 수 있게 대지면적 50㎡, 연면적 70㎡으로 건축한 집이 있습니다. 성인 4명분의 짐 수납이 가장 큰 문제였는데, 식당, 부엌, 침실, 계단 등 곳곳에 붙박이장을 넉넉하게 설치해 해결했습니다.

단, 벽이 있다고 무한정 붙박이장을 짜 넣어도 좋은 건 아닙니다. 벽면 수납에도 단점은 있기 때문이지요. 붙박이장 앞에는 가구를 둘 수 없고 다른 인테리어에도 제약을 줍니다. 그래서 실내가 밋밋하고 지루한 공간이 되기 쉽고 붙박이장이 죽 늘어선 모습은 압박감을 줄 수 있습니다.

벽면 수납은 개방감이 포인트.

하부장 아래를 띄우면 바닥이 넓어 보인다.

그래서 작은 집에 붙박이장을 설치할 때는 개방감을 주는 방식에 따라서 공간의 여유로움이 결정됩니다.

벽 한 면을 다 붙박이장으로 덮으면 갑갑해 보입니다. 그럴 땐 양쪽은 장으로 두고 가운데에 오픈 선반을 만들어 장식품 등으로 꾸밀 수 있는 공간을 만들어줍니다.

그리고 바닥에서 천장 끝까지 수납장으로 채우지 않고 위아래를 20㎝ 정도 띄웁니다. 그 자리에 간접 조명을 두면, 안쪽에도 여유 공간이 있을 것 같은 착각을 일으킵니다.

위 사진 속 집은 화장실 수납장에 개방감을 주고 간접 조명을 설치했습니다. 세면대 하부장을 띄웠더니 바닥이 훨씬 넓어 보입니다. 평소에는 체중계를 넣어 두어도 좋습니다.

물론 실용적인 면도 중요하지만 수납에 공간 디자인 요소를 더해주면 인테리어의 일부로 훌륭한 역할을 합니다. 손이 닿지 않는 상부 공간은 옆 사진처럼 창을 달아서 활용합니다. 개방감이 생기는데다 채광이 확보되고 통풍도 잘 되는 일석삼조 효과를 볼 수 있습니다.

34 색깔 벽으로 깊이감을 준 6.15㎡ 아이 방

어린 시절 집에서 가장 즐거웠던 곳을 떠올려보면 의외로 벽장 속이나 지붕 밑 다락방처럼 비좁고 침침한 장소가 많지요. 직접 만든 종이 상자 집도요.

아이에게는 부모 취향인 큰 방보다, 작더라도 본인 취향이 잘 반영된 자신만의 공간이 더 가슴 두근거리고 기쁠 거예요. 아래 사진 속 아이 방은 6.15㎡로 두 평에 미치지 못하는 크기지만, 벽 한 면에 색깔을 입혀 깊이감을 주었습니다. 일반 페인트 대신 칠판 페인트를 칠하면, 아이들이 초크로 그림을 그릴 수 있는 커다란 스케치북이 됩니다.

경사진 천장에는 창을 달아 밝은 빛이 내려오게 설계했습니다. 마치 다락방과 같은 공간에서 달과 별을 보며 잠드는 일상은 아이에게 큰 선물이 됩니다. 아이의 상상력을 높이고 감성을 키우기에도 좋겠지요.

동심으로 돌아가 아이의 의견을 충분히 반영하면서 아이의 눈높이로 방을 꾸미면 집 짓기가 한층 즐거워집니다.

지붕 밑 다락방처럼 즐거운 아이 방.

유동적인 공간을 만든다

이상적인 집이라면 가족 구성원의 성장과 라이프 스타일의 변화에 맞추어 대응할 수 있어야 합니다.

집을 완벽하게 마무리하기보다는 장래를 생각해 유동적으로 용도를 바꿀 수 있는 공간을 남겨두는 편이, 미래에도 살기 좋은 집이 됩니다.

특히 아이 방은 구조를 변경할 수 있도록 설계합니다. 아이가 성장하면서 생활 패턴은 물론 취미와 취향이 바뀔 가능성이 크기 때문입니다.

어른도 다르지 않습니다. 새로운 가족이 생길 수도 있고, 취미나 일을 하기 위한 공간이 필요할 수도 있습니다. 언제 찾아올지 모르는 인생의 변화에 대비하는 것이지요.

20년 후, 30년 후의 가족에게도 살기 좋은 집으로 남을 수 있게 유동적인 공간을 만들어두세요.

유동적인 공간은 인생의 가능성을 넓혀주는 장소이기도 합니다.

35 성장과 함께 변신하는 아이 방

8세 남자아이와 6세 여자아이가 있는 4인 가족의 집입니다. 2층에 있는 아이 방은 천장이 높고 면적이 24.3㎡ 정도로 꽤 넓은 편입니다. 아직 아이가 어린 지금은 가족 넷이 나란히 함께 잠을 자는 침실로 사용 중입니다.

특이한 점은 아이 방 안에도 화장실이 있다는 것. 앞으로 두 아이가 각자의 방을 갖고 싶을 때를 대비해 미리 준비하고 설계한 것입니다. 화장실 앞 공간이 복도가 되도록 벽을 세우고 방을 나누면 방이 2개 생기게요.

현재는 격자무늬 들보를 천장에 설치해둔 상태인데, 위에 판자를 깔고 바닥을 만들면 어른 키 높이만 한 공간으로 변신합니다. 방을 좌우로 나눌지 상하로 나눌지는 나중에 선택하면 되고요. 몇 년이 지나 지금보다 더 성장한 아이들과 이야기를 나누어보고 방을 재배치할 예정입니다. 넓은 공간에서 쑥쑥 자란 아이들이 과연 어떤 선택을 할지 벌써부터 궁금합니다.

옆 쪽 위 좌우 혹은 상하 방 2개로 나눌 수 있는 아이 방.

옆 쪽 아래 계단실과 통하는 실내창.

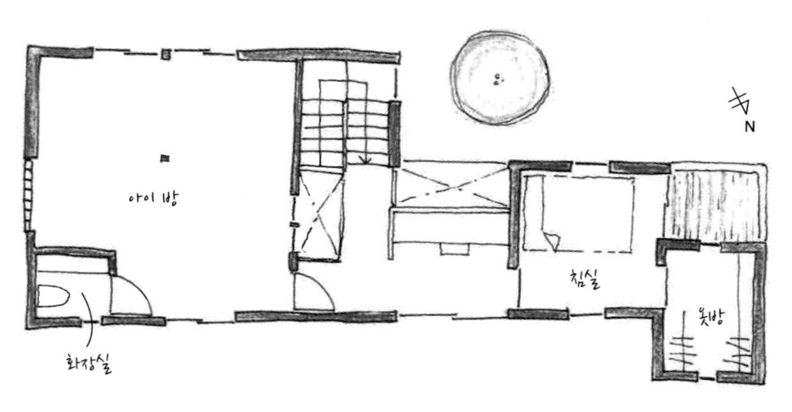

장래의 개축을 감안해 설계한 아이 방.

36 아이 방은 미완성으로 둔다

제일 꼭대기인 3층 전체를 아이 방으로 배치한 모습입니다. 계단을 끝까지 오르면 미송나무로 바닥과 천장을 마감한 공간이 펼쳐집니다. 천장과 기둥을 벽재로 덮지 않고 노출시켜 나무 그대로의 느낌을 살렸더니 공간 전체에 따뜻한 분위기가 감돕니다.

아이 방이라고는 하지만 다목적으로 사용하는 놀이방으로 보아도 무방할 자유로운 공간입니다. 그림책과 장난감은 모두 붙박이 책장에 수납되어 항상 깔끔한 상태가 유지됩니다. 긴 널빤지를 창과 마주하게 설치해 아이들이 나란히 앉을 수 있는 책상도 만들었습니다. 창밖으로 보이는 공원의 나무들을 바라보며 그림을 그리거나 과제에 몰두할 수 있게요.

아이가 아직 어리다면 방의 세세한 부분까지 정하는 것은 나중으로 미루고 우선 커다란 공간을 만들어 아이 방으로 사용하는 방법도 있습니다. 벽을 어디에 세울지 문의 위치는 어디가 좋을지는 아이가 큰 후에 결정해도 늦지 않습니다. 오히려 성장하는 아이의 의견을 수렴해서 방을 만들 수 있고, 다시 집을 손보는 재미도 생겨서 결과적으로 만족도가 높아집니다.

37 다용도 방을 만들어 방의 개수를 조절

다용도 방의 장점은 침실이면서 거실과 손님방으로도 활용할 수 있는, 자유자재로 용도가 변하는 범용성에 있습니다.

작은 집일수록 다용도 방의 존재 가치는 큽니다.

도면은 4세 아이를 둔 3인 가족의 집입니다. 지금 둘째를 계획 중이라 아이 방을 어떻게 할지 고민이 많았는데요, 일단 아이 방 옆에 맹장지로 분리되는 다용도 방을 만들 것을 제안했습니다. 첫째가 외동으로 지내는 시간이 길어진다면 맹장지를 열고 두 방을 연결해 공간을 넓게 사용할 수 있겠지요.

이 방은 건축주 가족이 입주한 후 잠시 동안은 손님방으로 사용된 모양이지만, 곧 둘째가 태어난다는 좋은 소식도 있으니 앞으로는 두 아이의 방으로 활용되지 않을까 생각됩니다.

가족계획이 확실히 정해지지 않았다면 큰 방을 미리 하나 만들어두고, 나중에 방을 분리할 수 있게 설계해서 차차 변경할 수 있는 공간으로 남겨두는 편이 좋습니다.

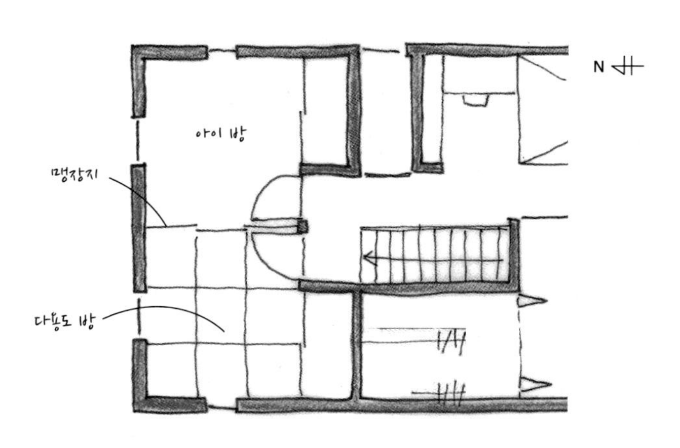

맹장지로 연결된 방이라면 방 수를 줄이거나 늘릴 수 있다.

38 층계참에 방을 만든다

스킵플로어 집에는 계단 통로에서 출입할 수 있는 1.5층의 오픈된 공간이 있습니다. 여기를 다용도 방으로 만들었습니다. 아이가 어리다면 키즈 룸으로 이용하고 손님이 오면 객실로도 사용할 수 있는 다목적 공간입니다.

사진 왼쪽으로 보이는 철제 난간 부분이 바로 2층 거실의 바닥이 됩니다. 거실과 계단 양쪽에서 보이는 오픈된 공간이라서 집 전체의 모던하고 심플한 분위기와 어울리게 디자인했습니다.

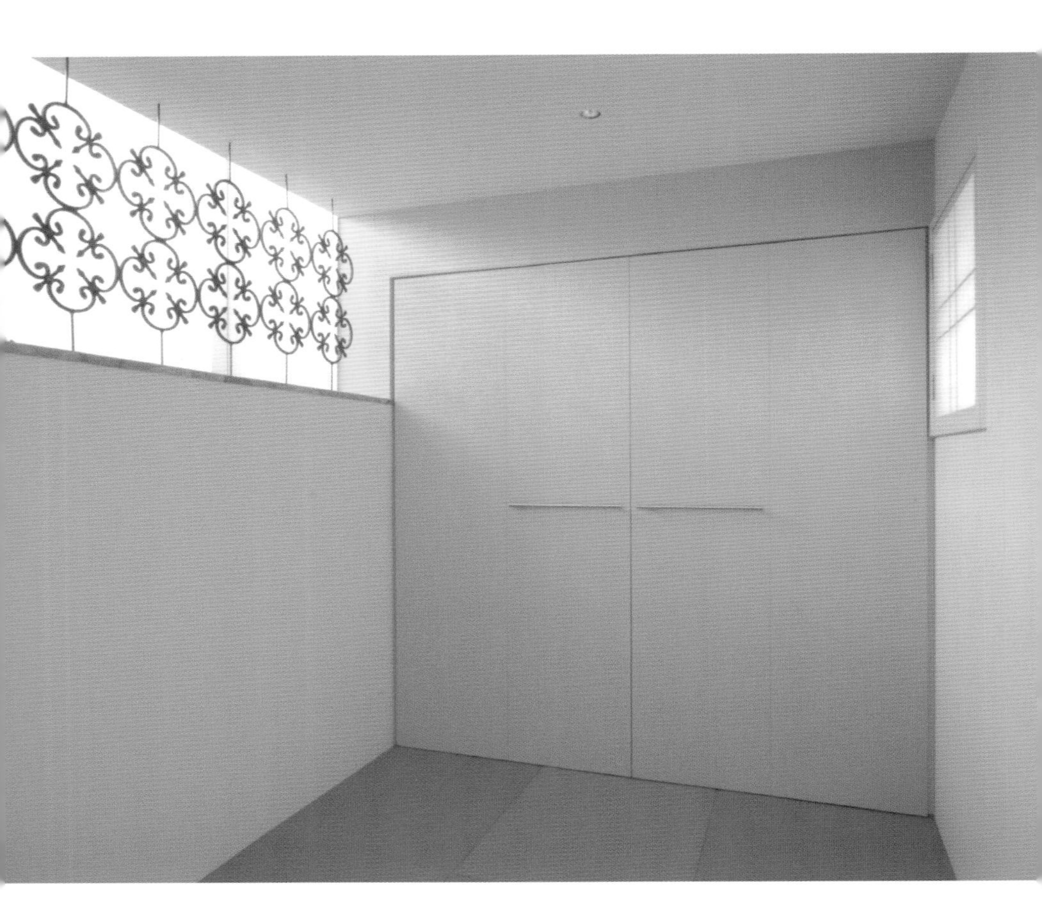

커다란 나무를 한 그루 심는다

건물이 완성되고 외부 구조가 갖추어질 즈음이면 슬슬 가족 나무를 심기 시작합니다. 가족 나무는 가족 구성원과 일생을 함께하며 집을 지키고, 집의 존재감을 돋보이게 해주는 나무를 말합니다. 크레인을 이용해야 하고 손도 여럿 필요해 심기에 까다롭지만 나무를 심으면 집이 한층 집다운 모양새를 갖춥니다.

집과 긴 시간을 함께할 나무로 산딸나무, 노각나무와 같은 낙엽수를 자주 심는데, 낙엽수는 사계절을 오롯이 느끼게 해줍니다. 봄이면 새순을 틔우고 여름에는 푸릇푸릇한 잎이 더욱 무성해집니다. 가을이 되면 단풍으로 물들고 늦가을에는 잎을 하나둘 떨어뜨려 겨울에는 멋지게 뻗은 나뭇가지를 보여줍니다.

낙엽수의 장점은 더 있습니다. 가족이 생활하기 편한 공간을 만들어준다는 것이지요. 더운 여름에는 풍성한 잎이 직사광을 차단하는 천연 그늘막이 되고, 바람을 따라 사락사락 춤추며 나뭇잎의 노래를 들려줍니다. 그리고 추운 겨울에는 잎을 떨어뜨려 실내 가득히 빛을 채워줍니다.

39 나무와 함께 성장하는 집

집으로 돌아오면 현관 앞에서 산딸나무가 제일 먼저 반겨주는 집입니다. 높이가 6m에 달하는 이 가족 나무는 현관 상부에 있는 2층 베란다까지 쭉 뻗어 얼굴을 내밀고 인사를 합니다(아래 사진).

산딸나무는 봄에는 하얗고 귀여운 꽃을 피우며 가을에는 단풍이 지고 빨간 열매를 맺습니다. 도시의 작은 집에서 만족스러울 만큼 정원수를 가꿀 수는 없겠지만, 단 한 그루의 나무로도 집의 풍경은 이렇게나 풍부해집니다. 해를 거듭하며 하늘을 향해 생장하고 줄기가 두터워지는 나무를 보며 언제부턴가 가족의 일원과 같은 애착이 생기게 되지요.

낙엽수는 가을부터 겨울에 거쳐 잎을 떨어뜨리기 때문에 상록수에 비해 청소하기가 힘들어 보이지만, 사실은 그 반대입니다. 상록수는 일 년 내내 잎을 떨어뜨립니다. 즉, 상록수가 집 안에 있다면 연중 청소를 해야 하지만, 낙엽수는 가을에서 겨울까지만 청소를 하면 됩니다. 낙엽 청소를 겨울을 준비하는 연례행사라고 생각하면, 한 해를 마무리하는 일상의 즐거움이 됩니다.

현관 포치에서 2층 베란다(옆 쪽 사진)까지 쭉 뻗은 산딸나무.

40 집의 모든 창에서 나무를 볼 수 있게

비록 나무 한 그루라도 집 안 어느 곳에서든 보이게 공간을 조성하면 일상의 정취가 완전히 달라집니다. 집안일을 마무리하고 한숨 돌릴 때 주방 식탁에 앉아 나무를 바라보며 커피를 마신다면 그 순간이 얼마나 평화롭고 좋을까요.

아래 사진 속 집에는 1층 중정에 산딸나무를 심고 식당 겸 주방과 2층 발코니, 거실, 현관 등 집 전체에서 나무가 보이게 설계했습니다.

옆 사진 속 집에는 중정에 노각나무를 심었습니다. 평범한 중정에 그치지 않도록 나무를 에워싸게 계단을 배치해 광장과 공원과 같은 공간으로 꾸며보았습니다. 계단은 잠시 걸터앉아 나무를 바라보거나 책을 읽기에 아주 좋은 공간이 됩니다. 친구들을 불러 가든파티를 해도 괜찮겠네요.

일상의 풍요로움을 만들어내는 요소가 공간의 넓이만은 아닙니다. 가족 나무 위로 쏟아지는 따듯한 햇살과 나뭇잎을 스치는 기분 좋은 바람 그리고 그 풍경을 몸으로 느끼는 가족의 행복한 모습처럼, 일상 속 풍요로움은 작은 집에서도 충분히 맛볼 수 있습니다.

집 중심에 심은 가족 나무는 가족과 함께
성장하며 즐거움을 준다.

외부의 숲 풍경과 내부의 나무 모습이 대비되어 흥미롭다. 담으로 둘러싸인 나무는 가족에게 특별한 존재다.

제 3 장

단정한 생활을 위한 주방과 수납 공간

41 작은 집에는 공간에 스며드는 주방으로

주방을 설계하는 일은 집 짓기에서 아주 즐거운 작업 중 하나입니다. 건축주의 희망에 따라 컨트리풍 주방, 혹은 인테리어 잡지에 나오는 것처럼 새롭고 모던한 주방을 설계하기도 하고, 때에 따라서 자재를 스테인리스로 통일해 셰프가 쓸 법한 주방을 만들기도 합니다.

하지만 주방에 너무 큰 존재감을 부여하면 마치 주방이 집의 전부인 것 같은 인상을 받게 됩니다. 그게 집의 콘셉트라면 상관없지만 작은 집의 주방은 되도록 넓어 보이게 설계해야지 크게 설계해서는 안 됩니다.

주방이 넓어 보이려면 연결되는 거실과 식당의 소재와 색을 맞추어 자연스럽게 하나의 공간처럼 녹아들도록 설계해야 합니다. 거실 겸 식당 벽의 색깔을 통일시키거나 식탁의 나뭇결 방향을 맞추어서 배치하면 주방, 거실, 식당이 하나의 큰 공간으로 보입니다. 싱크대 걸레받이를 안으로 들어가게 시공하면 주방 바닥도 덜 답답해 보입니다.

집의 테마에 맞는 주방 디자인을 고려하는 것이 중요합니다.

42 기능적인 주방은 레이아웃으로 결정된다

작은 집을 짓다 보면 아무래도 주방에 할당되는 면적이 생각만큼 충분하지 않을 때가 많습니다. 그렇다고 실망하지 마세요. 넓기만 한 주방이 사용하기에도 편리한 건 아니기 때문입니다.

카운터 바 형식의 작은 식당을 예로 들어볼까요. 바 자리에 앉으면 그 너머 주방에서 주인이 능숙하게 요리를 만드는 걸 볼 수 있습니다. 집의 주방도 같습니다. 공간이 한정되어 있어도 여러 방법을 고안해 사용하기 편리하고 멋진 주방으로 만들 수 있습니다.

작은 집 주방에서는 꼭 필요한 도구를 수납할 수 있는지가 가장 중요합니다. 주방에 둘 물건도 가능하면 작고, 쓰임새가 다양한 것을 고르는 편이 좋습니다.

마땅히 있을 자리에 물건을 수납하고 작업 공간에는 아무것도 두지 않는다 —

항상 이런 상태를 유지한다면 일상적인 요리를 하는 공간은 그렇게 넓을 필요가 없습니다. 집이 아무리 작아도 배치 방법에 따라 충분히 기능적인 주방으로 만들 수 있습니다.

43 아일랜드 주방으로 동선을 순조롭게

주방은 사람이 부산하게 움직이는 장소인 만큼 가족이 함께 모여 요리하는 것을 즐긴다면 아일랜드 주방을 추천합니다. 동선에 막힘이 없고 이동성을 고려한 배치로 많은 사람이 주방에 모여 작업을 해도 문제없습니다. 대신 공간을 크게 압박하지 않도록 거실 겸 식당과 잘 어울리는 디자인으로 고려해 설치해야 합니다.

식탁과 주방 조리대의 연속성도 중요합니다. 따끈따끈하게 완성된 요리를 그릇에 담고 식탁으로 옮기는 과정이 순조로우려면 식탁과 조리대의 위치가 가까운 편이 좋겠지요. 참고로 아일랜드 주방과 조리대가 병렬로 있다면 통로 폭은 75~85㎝가 최적입니다. 폭이 넓으면 두 조리대 사이를 오가야 해서 비효율적입니다. 식탁과 조리대를 연결하면 가족과 이야기를 나누며 요리할 수 있고 가족의 참여를 유도하기에도 좋습니다. 아일랜드 주방으로 동선의 효율을 높이면, 가사노동의 시간은 줄고 가족 간의 소통은 더 깊어집니다.

44 주방을 가족이 모이는 장소로 만든다

주방은 일종의 엔터테인먼트 공간입니다. 요리하는 사람의 바쁜 손놀림을 따라 음식이 되어가는 소리가 들리고 곧 맛있는 냄새가 풍겨옵니다. 요리를 맡은 사람이 주방이라는 무대에 서서 정성스레 재료를 다듬고 조리해 요리라는 이름의 멋진 예술 작품을 만드는 것이지요.

주방은 엄마가 혼자 요리를 하는 장소라는 인식을 바꿀 필요도 있습니다. 주방은 가족 모두에게 열린 공간입니다.

개방적인 주방을 설치하면 집 전체가 넓어 보이는 이점이 있습니다. 그리고 항상 보이는 곳이라서 의식적으로 주변도 깨끗하게 유지하게 되지요. 열린 주방에서는 가족 간 소통이 늘어나고 자연스레 웃을 일도 많아집니다. 함께 만든 요리의 결과가 참담하더라도 돌이켜보면 우리만의 좋은 추억이 됩니다. 이처럼 가족의 추억이 자라나는 주방이 좋은 주방입니다.

45 식탁을 가족의 중심으로 끌어들인다

작은 집을 지을 때면 어떤 방법을 동원해도 거실 공간이 원하는 만큼 나오지 않기도 합니다. 거실과 식당을 따로 구분 지어버리면 그 둘을 한정된 공간에 무리하게 배치하게 되고, 결국은 이도저도 아닌 어중간한 장소가 되어버립니다. 공간의 '좁음'을 더욱 부각시키는 원인이 되는 것이지요.

그럴 땐 차라리 식당을 거실처럼 사용하거나 반대로 거실을 식당처럼 활용합니다. 식탁을 중심으로 가족이 모일 수 있는 곳을 만들면 공간에 여유로움이 생기고 식당 혹은 거실의 역할도 충분이 할 수 있지요.

식당을 가족이 편히 쉴 수 있는 공간으로 만들려면 적당한 식탁을 고르는 것이 중요합니다. 높이가 낮은 식탁을 고르는 방법도 있고, 식당 분위기와 가족의 취향에 맞게 주문 제작하는 방법도 있습니다.

식당을 식사만 하는 공간으로 두기보다는 가족이 텔레비전을 보며 단란한 한 때를 보내는 곳으로 활용해보세요. 아이가 있는 가정이라면 식탁에서 숙제를 하고 그림을 그리거나 노는 장소로도 사용할 수 있습니다.

집은 모름지기 이래야 한다는 생각은 잠시 접어두고, 정말 편안하고 기분이 좋아지는 공간이 무엇인지를 최우선으로 생각해 그 이미지를 현실화하는 작업이 작은 집 짓기에서 가장 중요합니다.

식당은 맛있는 음식을 먹는 장소이자 대화가 생겨나고 가족 모두의 웃음소리가 끊이지 않는 생활의 중심이 되는 곳입니다. 그래서 식당이 집 안에서 가장 중요한 장소가 됩니다.

우리 가족이 하루를 이곳에서 보낸다면 어떨까 떠올려보고 그것을 형상화해서 설계에 적용한다면, 분명 가족에게 가장 편안한 식당이 탄생할 것입니다. 그러니 우리 집만의 스타일을 파악하는 일이 우선되어야 합니다.

46 식당을 중심으로 하는 회유식 동선 설계

식당과 거실을 분리하기 전에 먼저 생활 동선을 시뮬레이션해봅시다.

주방, 식당, 거실 각각의 공간에는 적당한 거리감과 쾌적함이 필요합니다. 이런 조건이 충족되지 않는다면 모처럼 만든 거실인데 가족이 잘 모이지 않거나, 반대로 거실에서만 식사를 하는 등 공간을 한쪽으로 치우치게 사용하게 됩니다.

저녁 시간대 가족의 모습을 상상해볼게요.

식사가 준비되는 동안 나머지 가족은 거실 소파에 앉아 있고, 저녁이 다 될 즈음해서 식당으로 이동해 대화를 나누며 식사를 합니다. 식사를 마치면 다시 거실로 이동해 남은 저녁 시간을 보내지요. 이 패턴을 고려해 가족의 이동이 거실-식당-거실로 자연스럽게 이어지도록 회유식 동선으로 설계하는 것이 좋습니다.

중요한 것은 식당과 거실 양쪽의 적당한 거리감과 편안함입니다. 작은 집에서 식당과 거실을 분리하면 두 곳이 다 좁아지기 때문에, 창과 테라스와 계단실 등을 알맞게 시공해 공간에 숨통을 틔워주는 것이 중요합니다.

작은 집의 거실과 식당에는 창, 테라스, 계단실을 설치해 공간을 의식적으로 틔운다.

47 좌식 스타일의 장점

원래 우리는 좌식 생활을 했습니다. 생각해보면 식탁과 의자에 앉아 입식 생활을 한 지는 아직 100년이 채 되지 않았지요.

좌식 스타일의 장점은 밥상과 방석만 놓으면 그 자리가 식당이 되므로 평소 특정한 용도로 공간을 차지하지 않습니다. 따라서 공간을 되도록 넓게 사용하고 싶은 분에게는 좌식 스타일의 거실 겸 식당을 제안합니다.

아래 사진 속 집은 좌식과 입식을 절충한 형태입니다. 평상 높이만큼 올린 거실에 엉덩이를 걸치고 앉으면 의자가 필요하지 않고, 가족 모두가 앉거나 누워 뒹굴 수 있는 일석이조의 편안하고 즐거운 공간이 됩니다.

좌식과 입식의 절충 형식에서 주의해야 할 사항은 시선의 높이입니다. 거실에 앉은 사람과 주방에 선 사람의 시선의 높이가 비교적 일치하도록 설계하는 편이 좋습니다.

평상처럼 띄운 거실 바닥이 식탁 의자를 대신한다.

48 책장을 공유해 공간과 예산을 줄인다

보통 책장과 옷장은 방마다 개별적으로 두고 사용하는 가구 중 하나지요. 하지만 작은 집에서는 책장과 옷장을 각 방에 두기보다, 복도와 계단과 같은 공유 공간에 설치하는 편이 좋습니다. 그쪽이 돈도 적게 드는데다 각 방의 넓이를 확보할 수 있어 공간 낭비도 적습니다.

가족이 수시로 드나드는 장소에 가족 책장을 만들고 그림책, 사진집, 요리책, 고전과 잡지 등 모두의 책을 한꺼번에 수납해두면, 가족이 서로 돌려 읽을 수도 있어 생활에 또 다른 즐거움이 생깁니다. 예술에 관심이 많다면 장식품이나 그림으로 장식해 갤러리로 활용해도 좋겠지요.

참고로 책장은 선반에 칸을 많이 질러 격자무늬로 만들어야(73쪽 사진 참조) 책을 넣고 빼기가 쉽고, 책이 쓰러지는 걸 막아주어 사용하기 편리합니다.

49 편리한 수납장은 깊이가 핵심이다

작은 집에서 현명하게 수납하기 위해서는 2가지 법칙을 지켜야 합니다.

첫 번째는 '양과 장소'를 정할 것. 건축주가 가진 물건을 모두 꺼내어 그 양을 가늠한 후에 수납할 장소와 수납 용량을 설계합니다. 집이 작은 만큼 수납할 수 있는 물건의 양에도 한계가 있습니다. 자신에게 꼭 필요한 것과 그렇지 않은 것의 기준을 명확하게 세워야 작은 집에서도 쾌적하게 생활할 수 있습니다.

두 번째는 물건에 맞추어서 '겉면×깊이'를 정할 것. 수납장과 물건의 사이즈가 맞지 않으면 넣고 꺼내는 일이 귀찮아져 결국 물건을 사용하지 않게 되는 경우가 종종 있습니다. 의외로 수납장의 겉면 사이즈에는 신경을 쓰는 반면에 수납장의 깊이는 의식하지 않습니다. 하지만 물건에 따라 수납장의 깊이가 달라야 합니다. 수납장에 넣을 식기, 의복, 침구 등의 부피가 제각각 다르기 때문입니다. 수납할 물건이 무엇인지 가정해보고 겉면과 깊이를 곱한 입체적인 사이즈를 산출해 봅니다. 이것이 공간 낭비 없이 수납을 편리하게 하는 공식입니다.

사용하기 편리한 수납장 깊이

구분		깊이
욕실 수납		15 ~ 30㎝
주방 수납	상부장	25 ~ 30㎝
	하부장	40 ~ 60㎝
책장		20 ~ 30㎝
옷장		55 ~ 60㎝
신발장		35 ~ 40㎝

50 옷방을 공유해 살림의 효율을 높인다

가족 모두가 하나의 옷방을 사용한다면 어떨까요? 이 집은 아이 방 너머 안쪽 공간에 옷방을 만들어 부부 침실과 아이 방 양쪽에서 출입할 수 있게 설계했습니다.

가족 전원의 의복을 한곳에서 관리하므로 빨랫감을 모으거나 세탁소에 맡길 옷을 분류하는 일이 예전보다 간편해지고, 따라서 가사의 효율성도 올라갑니다. 여행용 캐리어나 골프 가방 등 개인 소지품을 가족끼리 공유하기도 손쉬워집니다.

붙박이장은 장점도 있지만 한 번 결정하면 변경이 어렵기 때문에, 요즘은 옷방 내부에 행거와 선반 정도만 간단하게 설치하는 추세입니다. 혹은 시중에서 파는 수납 가구를 활용해도 좋습니다. 중요한 것은 가지고 있는 의류를 잘 넣을 수 있는 크기의 옷장을 선택해야 예산을 줄이고 사용하기 편리한 옷방을 만들 수 있습니다.

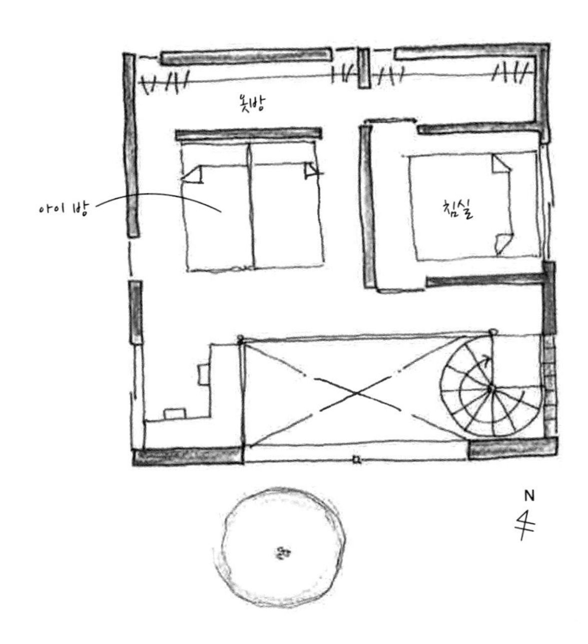

문과 칸막이가 없는 옷방은 어느 방에서나 들어갈 수 있다.

51 자주 사용한다면 오픈 수납을

욕실과 세면 공간에 세면대와 세탁기가 있어 수납 공간이 부족하다면 어떻게 해야 할까요? 수건과 속옷, 헤어드라이어나 스킨케어 제품 등 욕실에 수납하는 물건은 자주 사용하기 때문에 하루에도 몇 번이고 넣고 빼기를 반복하게 되지요. 이럴 때에는 깊이가 15㎝ 정도 되는 얕은 수납 선반을 충분히 마련해 화장품 병과 브러시 등을 넣어둡니다. 선반 내에 콘센트를 설치하면 헤어드라이어를 바로 꽂아 사용할 수 있고, 면도기도 쉽게 충전할 수 있습니다.

욕실 수납은 물건을 바로 꺼낼 수 있게 수납장 깊이를 줄이는 대신 칸은 많은 것이 좋습니다. 혹은 오픈 선반을 달아서 물건을 일목요연하게 정리하면 원할 때 바로 꺼내기에 편리하겠지요.

아래 사진 속 집의 세면 공간에는 세면대 맞은편 벽 전체에 깊이 30㎝짜리 선반을 달았습니다. 여기에 시판되는 바구니를 나란히 두고 수건과 세제 등을 수납하면 됩니다. 가족 각자가 자신의 바구니를 정해두면 더 편리하겠지요. 주변에서 쉽게 볼 수 있는 심플한 선반이지만 설치 비용도 적게 들고 사용하기도 편리해 평판이 좋습니다.

욕실과 세면대 공간에는 수납된 물건을 잘 파악할 수 있도록 오픈 선반을 설치한다.

52 접근하기 쉽게 복도에 설치한 옷방

요즘은 집의 물건을 최소한으로 줄여 깔끔하고 심플한 라이프 스타일을 고수하는 사람이 늘고 있습니다.

이 집은 부부 둘이서 0.81㎡ 크기의 작은 옷방을 공유합니다. 꼭 필요한 옷만 추려서 정리하고 앞으로는 필요한 옷도 이곳에 수납할 수 있을 정도만 구매할 예정이라고 합니다.

옷방은 침실 안이 아니라 복도에 있습니다. 침실과 서재를 연결하는 복도에 옷방을 설치했더니 욕실과의 거리도 가까워졌습니다.

욕실에 갈아입을 옷을 들고 들어가기 좋고, 외출할 때 가방과 코트를 꺼내기에도 편리한 위치지요. 옷방은 침실 안에 있는 것보다 여러 곳에서 접근하기 쉬운 복도에 있는 편이 사용하기에 훨씬 편리합니다.

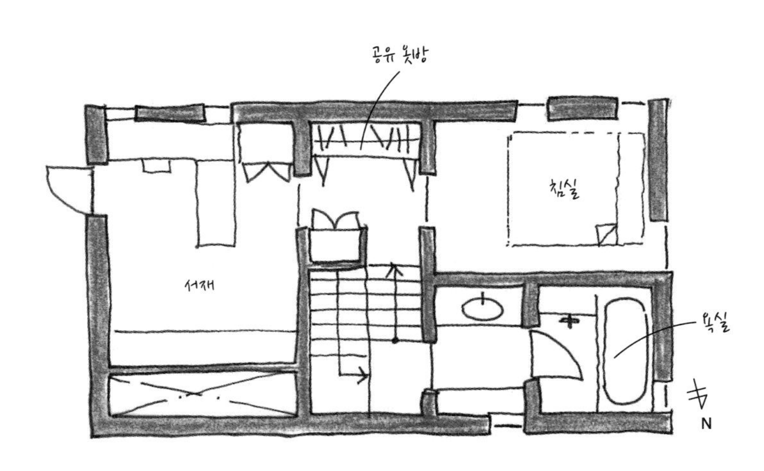

가족이 지나는 장소에 공유 옷방을 만든다.

53 살림이 즐거워지는 회유식 동선 가사실

빨래, 다림질과 같은 집안일을 한곳에서 처리할 수 있고 수납하기에도 편리한 가사실이 따로 있다면 살림이 조금 더 편리해지겠지요.

집 안에 가사실을 마련하려면 동선의 회유성에 중점을 두고 설계해야 합니다.

아래 도면을 보면 세탁기가 있는 가사실이 발코니와 바로 연결되고, 옷방은 가사실에서 몇 걸음 떨어진 곳에 있습니다.

세탁 → 건조 → 옷장 수납까지의 일련의 흐름이 모두 2층 북쪽 동선에서 이루어지는 것이지요. 세탁 동선이 잘 짜인 집으로 볼 수 있습니다.

거기에 옷방은 가족이 공유하는 공간으로 만들어 세탁물을 각 방으로 옮기는 수고를 덜고 공간 낭비도 줄였습니다. 이처럼 집안일을 조금 더 합리적으로 해결할 수 있도록 설계가 가능합니다.

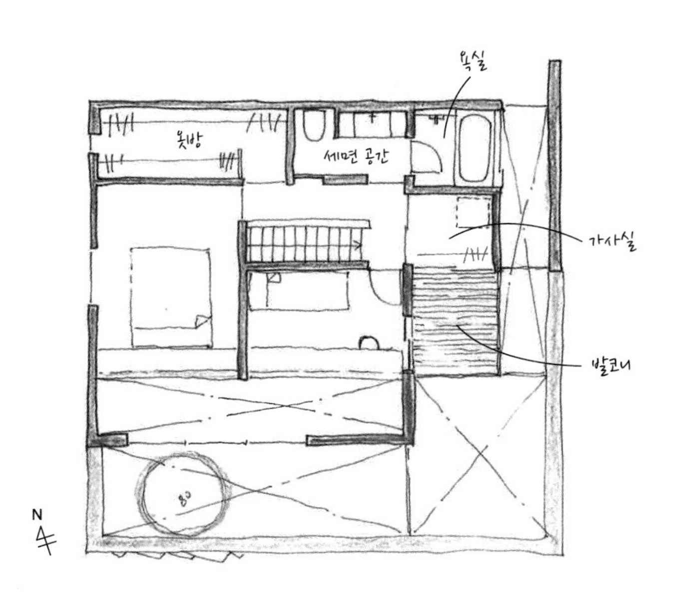

가사 동선에 맞게 설치한 가사실.

54 야외 수납 공간은 집에 포함되게

도시에 있는 작은 집은 실외용 청소 도구, 가드닝, 아웃도어 용품을 수납할 장소가 부족한 편입니다.

부족한 공간 탓에 집이 완성된 후에 시판되는 조립형 창고를 설치하면 아무래도 그 자리만 다른 곳에서 가져와 붙인 것처럼 집과 동떨어진 모습이 됩니다. 특히 외부 구조가 좁을수록 조립형 창고는 눈에 거슬리지요.

집 주변 모습도 단정하게 유지하고 싶다면 집의 설계 단계에서 미리 야외 수납 공간을 포함시켜야 합니다.

아래 사진처럼 현관 포치를 외벽으로 둘러싸면 그 자리를 수납고로 활용할 수 있습니다. 여기에 청소 도구를 두고 생각날 때마다 현관 주변을 청소하면 집의 바깥 공간이 항상 청결하게 유지되겠지요.

현관이 아니라면 계단 아래 공간에 수납고를 설치해 외부에서 물건을 넣고 꺼낼 수 있게 만들어도 됩니다.

현관 포치를 외벽으로 둘러
수납고로 활용한다.

제 4 장

작은 집의 질을 높이는 소재의 중요성

55 집의 이미지를 결정하는 대문의 역할

최근에 지은 작은 집들을 보면 계단을 오르면 바로 현관이 있는 구조가 많아 대문 없는 집이 늘고 있습니다. 하지만 대문은 집의 이미지를 좌우하는 존재이기도 합니다. 본인의 취향을 잘 반영해 설치한다면, 긴 하루를 마치고 집으로 돌아왔을 때 대문을 보며 큰 안도감을 느낄 수도 있습니다.

기능적인 측면에서의 대문은 집의 안과 바깥을 구분하는 중간 구역을 만듭니다.

외출하고 돌아오면 현관에서 갑자기 집 안으로 들어가는 게 아니라 대문을 열고 먼저 마당으로 들어서 걷습니다. 그리고 더 안으로 들어가 현관문을 엽니다. 이 과정은 기분이 바깥에서 안으로 리셋이 되는 걸 도와줍니다.

사진 속 온기가 느껴지는 나무 대문 집은 문 안쪽을 사적 공간으로 활용하기 위해 대문을 시선보다 높게 만들었습니다. 대신 압박감이 덜하도록 작은 창을 내어 트인 느낌을 주었습니다.

집의 얼굴이기도 한 대문. 소재와 디자인으로 개성을 표현한다.

56 깃발모양 땅에는 개성 있는 대문으로

깃발모양 땅의 통로를 걸어서 안으로 들어가니 사진 속과 같이 집의 모양을 딴 독특한 대문 앞에 당도했습니다. 일반적인 대문보다 크기가 작은 문을 달았더니 마치 나만의 아늑한 은신처를 찾아드는 기분이 듭니다.

문은 가볍고 비치는 그물 형태의 익스펜디드 메탈을 사용했고, 그 주변을 둘러싼 담은 나무 소재입니다.

문을 열면 이 앞으로는 사적 공간입니다. 한 평에서 한 평 반 정도의 통로를 지나면 현관문이 나타납니다.

일본 주택은 대문에 잠금 장치를 달지 않는 경우가 많습니다. 하지만 대문에도 현관처럼 잠금 장치를 달면 방범 효과도 있고, 현관 주변을 중정과 같은 공간으로 활용할 수도 있습니다.

집의 제1 현관인 대문도 사적인 영역으로 봐야 한다.

57 바깥 세계와 집을 자연스럽게 잇는 대문

흰색 외벽과 같은 색의 익스펜디드 메탈 대문을 달아서 벽과 문을 일체시켰습니다. 안쪽에서 대문을 보면 바깥 풍경이 어렴풋이 보이는 구조입니다.

이 대문은 옛 일본의 시골집에서 자주 볼 수 있던 무시코마도[虫籠窓]와 같은 역할을 합니다. 무시코마도는 세로 창살을 안쪽으로 비스듬히 달아 안에서는 바깥이 보이지만 반대로 바깥에서는 안을 볼 수 없게 만든 창을 말합니다.

집 부지 전체가 담과 대문으로 둘러싸인 구조지만 개방감을 주는 소재를 사용한 덕에 바깥 세계와 자연스럽게 이어지는 느낌을 줍니다.

집 외관을 되도록 심플하고 깔끔하게 만들고 싶다면 개성 있고 눈에 띄는 대문보다는 이곳처럼 외벽과 일체감 있는 디자인의 대문을 달아도 좋습니다.

안팎이 비치는 익스펜디드 메탈은 공간에 여유를 주는 최적의 선택이다.

58 빛과 바람이 드나드는 격자무늬 담

작은 집일수록 바깥의 시선을 차단하는 담의 역할이 중요합니다.

오픈된 외부 구조로 짓거나 담을 낮게 올린 집은 바깥 시선을 직접적으로 받게 됩니다. 그래서 마당에서 시간을 보내기도, 창을 활짝 열어두고 생활하기도 힘들지요. 작은 집일수록 시선을 막아줄 충분한 높이의 담과 대문이 필요한 이유입니다. 단, 바람과 빛이 통하도록 만드는 것이 중요합니다. 좁은 토지에 높은 담을 올리면 바람이 통하지 않아 집이 습하고 침침해지기 때문에 반드시 바람이 통하는 길을 함께 만들어야 합니다.

아래 사진 속 집은 유리블록과 철제 격자를 조합해 외벽을 만들었습니다. 유리블록은 내부를 가리되 빛은 확보하고 싶을 때 많이 사용하는 소재입니다. 이 집은 정면이 좁은 편이라 벽과 대문, 차고 문을 하나로 합쳐서 만들었습니다. 바깥에서 보면 통일감 있고 깔끔한 하나의 벽처럼 보입니다(내부는 116, 117쪽 참조).

격자무늬 담과 유리블록 등 다양한 소재를 사용한 외부.

59 담의 소재는 집의 이미지와 목적에 맞게

정감 있고 유연한 느낌을 내고 싶다면 아래 사진 속 집처럼 나무로 담을 만들어도 좋습니다. 나무의 부드러운 질감이 유연한 인상을 주어 주변 풍경과도 잘 융화됩니다. 사생활도 보호되고요. 우드 데크와 담을 연결되도록 시공하면 공간적으로 통일감도 생겨납니다.

나무 담은 정기적으로 손질을 해야 합니다. 만약 수고를 덜고 싶다면 벽돌담으로 대신해도 좋습니다(50, 51쪽 참조). 벽돌담은 치밀하게 쌓아올리기보다 1/3 정도로 빈 공간이 드러나게끔 어슷하게 쌓아올려야 답답한 느낌을 덜 수 있습니다. 벽돌의 장점은 세월이 흐를수록 운치가 더해지는 것이지요. 반투명의 FRP수지를 사용해 담을 만들면 가볍고 밝은 느낌을 낼 수 있습니다.

집을 짓다보면 검토할 사항이 산더미처럼 쌓이는데다 해결할 문제도 한두 가지가 아닙니다. 그러다보니 집 외부에 관련된 것들은 뒤로 미루기 십상이지요. 하지만 바깥 공간 역시 집의 일부입니다. 땅을 더 효율적으로 활용하고 싶다면 설계 단계에서 외부에 관한 사항도 검토하고 넘어가는 편이 좋습니다.

집의 이미지에 온기를 불어넣는 나무 담.

60 현관문은 특히 소재에 신경 쓴다

집의 얼굴이기도 한 현관문을 고를 때에는 기성품을 사용하기보다는 가능하면 집과 잘 맞게 자체적으로 디자인해서 시공합니다.

현관문은 집의 구성 요소 중에서도 특히 강한 인상을 주는 곳이지요. 그러니 어느 집에나 맞도록 무난하게 찍어 나온 기성 현관문을 달면, 건축주의 취향을 벗어나버리고, 집과 어울리지 못하고 혼자 겉도는 존재가 되어버립니다.

그러므로 현관문을 만들 땐 좀 더 자유로운 발상으로 접근해도 좋습니다. 직접 디자인을 고안한다면 사진처럼 나무틀에 끼운 유리문으로 현관 정면을 꽉 채우는 것도 가능합니다. 손잡이는 더 다양하게 선택할 수 있는데, 감촉이 좋은 나무 소재를 사용하거나 철제로 된 앤티크를 달아도 포인트가 됩니다. 혹은 가족의 고유한 추억 등을 디자인 소재로 삼아 제작하면 현관문에 더 애착이 생깁니다.

현관문은 집과 어울리게 디자인한다.

61 채광과 방범 효과를 갖춘 현관문

현관이 도로에 가까워 유리문을 달기에 어려울 때는 익스펜디드 메탈에 유리를 겹친 현관문을 시공합니다.

금속이지만 그물 형태라서 가볍고 채광도 확보할 수 있는데다 유리로 된 문과 비교해 방범에도 더 낫지요.

현관문은 되도록 안과 밖으로 밀어서 개폐하는 여닫이 타입으로 제작합니다. 미닫이 같은 슬라이드 형식의 현관문은 자리를 덜 차지하고 열고 닫기 쉽지만 외풍이 잘 들어오는 단점이 있습니다.

현관문을 디자인할 때 언제나 염두에 두는 것은 어떻게 '우리 집다움'을 표현할지입니다. 현관은 하루의 시작과 끝에서 대면하는 장소인 만큼 보자마자 우리 집이라는 안도감이 전해지는 그런 공간이길 바라기 때문입니다.

유리와 익스펜디드 메탈을 조합한 현관문. 채광과 방범 효과를 동시에 얻었다.

62 맨발에 닿는 감촉이 좋은 원목 마루

바닥재로 나무를 시공하고 싶다면 원목 판재가 좋습니다.

원목 판재를 깐 마루의 장점은 자연스러운 나뭇결과 따스한 색감도 있지만 살갗에 닿을 때의 기분 좋은 감촉도 빠뜨릴 수 없습니다. 특히 여름에 뽀송뽀송하고 겨울에 차갑지 않아 실용적입니다.

원목은 손질하기 까다로워 보이지만 사실 손질할 필요가 거의 없습니다. 긁힌 자국은 시간이 지나면 자연스럽게 옅어지고, 뭐가 묻더라도 나무가 조금씩 빨아들여 눈에 잘 띄지 않게 됩니다. 그래서 세월이 갈수록 색이 깊어지고 촉감도 매끄러워져 더욱 깊은 맛을 내지요.

원목이라도 나무의 종류에 따라서 강도와 용도가 다릅니다. 일반적으로 침엽수는 무르고 활엽수는 단단한 편입니다.

침엽수인 삼나무, 노송나무, 너도밤나무는 소프트 우드로 무른 나무에 속합니다. 나무색이 밝다면 기본적으로 무른 목재입니다. 피부에 닿을 때의 느낌이 좋고 실내 습기를 탁월하게 조절하지만, 무거운 물건을 떨어뜨리면 바로 흠집이 생기는 단점이 있습니다.

세월이 갈수록 길이 드는 재미가 있는 원목 마루.

반대로 활엽수인 물푸레나무, 참나무, 티크나무는 하드 우드로 단단한 나무에 속합니다. 그중에서도 물푸레나무와 참나무는 나뭇결이 비슷하고 색 또한 밝은 갈색이라 구분이 잘 되지 않지만, 가격은 참나무가 조금 비쌉니다. 참나무는 길이 방향으로 제재하면 나뭇결이 호랑이 무늬와 비슷한 특징이 있습니다.

나무는 납품 전에 생기는 오염과 흠을 방지하기 위해 천연 오일을 발라둡니다. 화학 도료를 칠하기보다는 나무가 숨을 쉴 수 있도록 천연 오일로 도장을 하면 나무의 감촉도 그대로 살아나고 어린아이가 있는 집에서도 안심이 됩니다.

시공 후에는 1, 2년에 한 번 정도 밀랍 왁스나 쌀겨 오일 등을 발라주면 나뭇결이 더 고와집니다. 피부에 직접 닿아도 안심할 수 있도록, 마루에는 가급적 자연 소재 도료를 사용해주세요.

벽과 데크와 바닥재를 모두 나무로 시공해 공간에 연속성이 생겼다.

63 긴 안목으로 본다면 천연목 우드 데크를

베란다와 테라스는 집의 연장선상이라고 볼 수 있습니다. 그래서 발코니와 테라스 등에 우드 데크를 깔 때는 맨발로 걸어도 촉감이 좋도록 천연목을 사용합니다.

우드 데크의 재료로는 천연 목재부터 인공 소재인 합성수지까지 종류가 다양합니다. 데크에 주로 사용하는 천연목은 목재의 경도에 따라 소프트 우드(뉴질랜드 소나무, 적삼목, SPF구조재)와 하드 우드(사이프러스, 이타우바, 울린, 이페)로 나누어집니다. 인공 소재보다 천연목이 비싸고, 하드 우드일수록 더 비싸집니다.

인공소재 데크는 관리하기 쉽고 가격도 싼 편이지만 여름 햇살에 열을 그대로 비축해 발을 딛기 어려울 만큼 뜨거워집니다. 데크로서의 기능성이 떨어지는 것이지요. 그리고 겉보기에는 나무와 닮았지만 만져보면 플라스틱에 가깝습니다.

우드 데크도 집의 일부라고 여긴다면 천연목이 최선의 선택이다.

제아무리 우드 데크인 척 하더라도 역시 천연목에 비할 바는 아니지요.

천연목을 고를 때에도 소프트 우드와 하드 우드라는 선택지가 있습니다.

소프트 우드는 하드 우드에 비하면 싼 편이지만 나무 자체가 무르기 때문에 벌레를 잘 먹고 물에 침수되기 쉽습니다. 그래서 1, 2년마다 방부 도료를 칠해주지 않으면, 2년에서 5년 정도면 벌써 삭기 시작합니다. 꼼꼼하게 방부 도료를 바르고 관리를 하면 어느 정도는 유지되지만 결국 한계가 있습니다.

조금 비싸더라도 결과적으로 가성비가 좋은 것은 하드 우드입니다. 밀도가 높고 단단해 충해에 강하고 잘 썩지 않으며 외관상으로도 견고해 보입니다. 닿을 때의 감촉도 매끈하고 좋습니다.

하드 우드 중에서 가장 많이 사용하는 것은, 밀도가 높고 가격은 상대적으로 싼 이페입니다. 이페는 휘거나 잘 갈라지지 않아서 장기간에 걸쳐 사용할 수 있습니다. 이페에 함유된 천연 성분은 방부와 방충에 뛰어난 효과가 있다고 전해집니다. 굳이 단점을 꼽으라면 고급재인 사이프러스와 울린과 비교해 나무의 색감이 고르지 않다는 것인데, 이것도 목재의 개성으로 본다면 이페가 우드 데크에 가장 적합한 소재이지 않을까요.

마루와 데크의 목재 방향을 맞추어
시공해 공간이 더 넓어 보인다.

64 실내 벽과 문은 심플하게

도시에 작은 집을 지을 때면 개인적 취향이 반영되는 공간을 제외하고 대다수의 방에는 벽을 세우고 문을 다는 것이 일반적입니다. 문은 플러시 도어를 사용합니다. 플러시 도어는 평면 도어라고 부르는데, 요철과 나뭇결 프린트와 같은 장식성을 배재하고 앞뒤로 합판을 붙인 아주 심플한 문입니다.

문과 벽이 일체가 되면 시각적으로 벽이 넓어 보입니다. 방에 따라서는 플러시 도어에 유리를 끼워 채광을 확보하기도 합니다.

벽에 유리블록을 시공하는 경우도 있습니다.

유리블록은 외벽으로 사용하기도 하지만 실내에서는 복도와 방, 계단과 방을 구분하는 벽 용도로 사용하기도 합니다.

천창과 골조 타입 계단이 조합된 집이라면 유리블록 벽을 시공하는 것만으로 계단과 접한 방에 자연광을 끌어올 수 있습니다. 북쪽에 위치한 방이라도 이런 장치를 이용한다면 채광을 충분히 받을 수 있습니다.

작은 집 실내 문은 과하지 않은 디자인을 고른다.

65 안팎의 경계를 지우는 타일 활용법

남프랑스와 이탈리아의 별장처럼 탁 트인 느낌을 주기도 하고, 도시의 모던한 분위기를 만들어주기도 하는 것이 타일 테라스의 매력입니다. 타일은 우드 데크에 비해 내구성이 좋아서 관리하기 편합니다.

타일은 현관 포치와 테라스와 같은 외부 공간에 주로 사용하지만 거실과 주방에도 외부와 같은 타일을 깔면 안과 밖의 경계가 흐려져 하나의 큰 공간처럼 보이게 할 수도 있습니다.

실내 바닥에 타일이라니 조금 생소하게 들리겠지만 실제 타일을 시공한 집 사람들의 이야기를 들어보면 전혀 불편하지 않다는 의견이 압도적으로 많습니다. 타일은 쉽게 더러워지거나 긁히지 않고 물에도 강하기 때문에 생활하기 편리합니다. 밀대로 쓱 닦기만 해도 다시 윤이 나 청소도 쉽지요.

타일 바닥은 여름에 특히 쾌적합니다. 타일 아래에 난방을 시공해두면 겨울에

현관에서 실내 바닥까지 동일한 타일로 시공했다.

도 차갑지 않고요. 타일이 미끄러울까 걱정된다면 테라코타 재질의 가슬가슬한 타일이나 울퉁불퉁한 천연석 재질의 타일을 선택하면 됩니다.

잘 사용하는 타일은 이탈리아제 수입 타일인데, 가격이 일본산에 비해 훨씬 쌉니다. 두께와 사이즈가 고르지 않을 때가 많지만 밖에 사용한다면 크게 티가 나진 않아요. 대신 실내에서 사용한다면 대량으로 구매해 선별하거나 아예 가격대가 높아 불량률이 적은 타일을 구매하는 편이 좋습니다.

번거롭지만 이탈리아제 타일을 고집하는 이유는 색과 소재가 매우 다양하고 풍부하기 때문입니다. 이탈리아에서는 오래 전부터 집을 지을 때 벽과 바닥재로 타일을 사용했다고 합니다. 그래서인지 베이지 색 하나에도 여러 색조가 있어서 다채롭습니다.

타일 색은 흰색 계통의 팽창색을 자주 사용합니다. 공간이 넓고 밝아 보이기 때문이지요. 취향에 따라 세련된 느낌을 우선하고 싶다면 검정색과 회색 같은 수축색을 사용해도 괜찮습니다.

타일 바닥과 나선형 계단으로 서양적인 분위기를 연출했다.

세상에서 단 하나뿐인 멋진 집

집을 짓는 기간

건축가에게 의뢰해 집을 짓는다면 집 전체를 완성하는 데 1년에서 1년 반 정도를 기준으로 봅니다. 물론 고객의 요구에 따라 기간은 조금씩 달라지기도 합니다.

토지 매입 단계부터 건축가의 도움을 받는다면 기간은 조금 더 늘어나겠지요.

예산을 확인한 후에 건물과 토지에 들어갈 금액을 어림잡아 나누어보는데요, 예산을 넘길 것 같다면 토지의 조건을 낮추는 쪽을 제안합니다. 북측 도로를 낀 토지나 깃발모양의 변형지와 같이 저렴한 땅을 구매해서 장점이 부각되도록 설계하면 되니까요. 건축사무소를 방문하는 고객 중 토지를 미리 정한 분과 그렇지 않은 분의 비율은 반반입니다.

토지가 확보되었다면 면담을 거쳐 설계를 진행하는 기간은 5개월 정도입니다. 그후 건축주의 변경된 요청 사항 등을 반영해 수정하거나 금액을 조정해 견적을 맞추는 데 2개월 정도가 소요됩니다. 이 기간에 설계도를 바탕으로 집의 모형을 제작하고 샘플 등을 모아서 집의 이미지를 구체적으로 잡습니다.

설계가 확정되면 시공사와 협의해 건축을 시작합니다. 건축 기간은 토지의 위치나 조건에 따라 다르지만 대체적으로 반 년 정도입니다. 건물 구조나 규모에 따라서도 조금씩 달라질 수 있습니다.

예산 절감을 위한 지혜가 필요한 곳

한정된 예산으로 좋은 집을 지으려면 예산을 잘 꾸려야 합니다. 무조건 절감한다고 좋지만은 않은 이유는, 적은 비용을 들여 공사를 마친 집은 만족도가 떨어지거나 실제 생활에 불편함과 문제점이 나중에라도 드러날 수 있기 때문입니다.

즉, 한정된 예산으로 집을 짓더라도 돈을 들일 부분과 그렇지 않아도 될 부분의 판단 기준을 명확히 정해두어야 합니다.

그렇다면 집의 어느 부분에 예산을 집중해야 할까요. 그건 건축가와 건축주의 가치관이 서로 다를 수 있기 때문에 일률적으로 단정하기는 어렵지만, 건축가의 입장에서는 공간에 투자하는 쪽을 선택합니다.

예를 들어, 거실 바닥에 최상급 원목을 시공하는 것과 거실과 테라스 사이의 창을 거실 폭에 맞게 제작 주문하는 것을 두고 예산을 쓸 쪽을 선택하라면, 단연 창을 골라야지요.

집이 주는 궁극의 편안함과 아름다움은 '소재'가 아니라 '공간'에서 비롯됩니다. 현관에서 집 안으로 들어오면 먼저 높게 트인 천장이 주는 쾌적함을 느낍니다. 고급 바닥재에 감탄하는 건 그다음이지요. 식당 깊숙이 들어오는 빛과 바람의 쾌적함과 활짝 열린 거실 창을 통해 테라스까지 이어지는 큰 공간이 주는 편안함

— 그것이 집의 가장 중요한 요소가 되는 것입니다.

소재를 선택할 때 건축가는 프로의 시선으로 조언을 할 때도 있지만 대체적으로 건축주의 의견을 반영하는 편입니다. 하지만 공간에 관한 일이라면 건축주의 라이프 스타일과 취향에 최적이라고 여겨지는 쪽으로 밀어붙일 때도 있습니다. 건축가로서의 경험을 바탕으로 의견을 제시하고 건축주와의 합의점을 찾는 것이 중요합니다.

자잘하게 예산을 절감하는 방법에는 여러 가지가 있습니다.

욕실에는 큰 비용이 드는 상부장과 하부장 대신 심플한 선반을 달고, 조명 기구나 간단한 설비 기기는 건축주가 직접 시공해 경비를 절감합니다. 실내 벽도 가족이 함께 페인트를 칠하면 인건비가 절약됩니다.

단, 세면대나 화장실 변기, 수전, 에어컨 등의 설비를 건축주가 직접 구입해 시공하는 경우에는 시간을 두고 공정 순서와 현장 스케줄 등을 파악해 일정을 조율

합니다. 현장과 협의가 이루어지지 않으면 혼선이 생기고 결국 완공에 차질이 생길 수 있으니 주의해야 합니다.

실제로 집 짓기는 예산과의 싸움이기도 합니다. 돈을 들일 곳은 확실히 들이고, 생략하거나 나중으로 미루어도 될 곳을 판단해 예산을 낮춥니다. 이렇게 취사 선택을 할 때 판단 기준에 틈이 생기지 않도록 건축 설계 비용은 공사 비용의 퍼센티지가 아닌 연면적에 대한 퍼센티지로 계산합니다.

공사 비용에 대한 퍼센티지로 설계 비용을 책정한다면, 질 좋고 가격이 높은 재료를 선택할수록 설계 비용도 따라서 올라가고 반대로 저렴한 재료만 골라 시공하면 설계 비용도 따라서 낮아지겠지요. 이렇게 되면 건축주와 건축가 모두가 만족하기 힘들기 때문입니다.

건축가와 건축주 서로가 충분히 의견을 나눈 후, 현명하게 예산을 꾸려가는 방안을 찾아보길 바랍니다.

건축가와 좋은 관계를 맺는 법

집을 지으면서 가장 중요한 것은 입주할 사람의 라이프 스타일과 집에 관한 취향을 파악하는 것입니다. 건축주는 집에 관한 일반적인 상식이나 유행, 건축의 전문지식을 알기보다는 직감적으로 자신이 어떤 걸 원하고 어떤 걸 좋아하는지에 대해 잘 알고 있어야 합니다.

그래서 가급적 건축주와의 대화를 거듭하며 가족의 일상과 가족이 중요시하는 가치관을 귀담아 듣고 새겨둡니다. 사무적인 사항 외에 일상적인 이야기도 나눕니다. 어떤 취미를 가지고 있는지, 좋아하는 음식은 무엇인지, 지금까지 어떤 집에서 살았는지 등 사소한 이야기 속에서 건축주의 감성과 취향을 알려주는 힌트를 얻을 때가 많습니다.

집은 건축주의 것입니다. 건축가의 취향은 중립 상태로 두고 건축주의 취향을 잘 취합해서 집 설계에 반영하도록 해야 합니다.

수많은 건축사무소 중에서 한 곳을 선택해 발걸음을 한 고객이라면, 건축가가 지향하는 집과 고객이 원하는 집이 비슷한 경우가 많겠지요. 건축가는 그런 고객의 취향과 자신의 이상을 잘 버무려 집을 설계하고 한 걸음 더 나아가 더 섬세한 제안도 할 수 있어야 합니다.

집 짓기는 필요한 것과 그렇지 않은 것을 구분하고 결정하는 취사선택의 연속이기도 합니다.

먼저 고객이 원하는 방의 개수, 집의 소재와 색감, 설비와 편의 시설 등 희망 사항을 확실하게 조사합니다. 실현 가능한 곳은 그대로 두되 여유로운 공간을 만들기 위해 줄여야 할 곳은 과감히 포기하도록 제안합니다. 이 과정은 설계 요소요소에서 이루어지는데, 건축 전문가로서 경험과 지식이 총동원되는 부분이기 때문에 최종적인 판단은 건축가가 내리는 편이 좋습니다. 건축가가 건축에 관해 고민하고 생각하는 시간이 고객보다 압도적으로 길고 정보량도 방대하기 때문입니다.

우리 건축사무소를 방문하는 고객의 8할 정도는 가족 단위입니다. 가구의 형

태도 다양해서, 들여다보면 대가족도 있고 부부나 1인 가구도 많습니다. 자녀가 아직 어린 집이 있는 반면, 이미 대학생이 된 집도 있고요. 은퇴 후 노년을 보낼 마지막 집을 지으러 방문하는 노부부도 있습니다. 그럴 경우에는 노년의 생활에 맞는 작은 집을 권합니다.

가족만의 라이프 스타일과 가치관을 바탕으로 가족 구성원 모두가 항상 밝고 행복하게 살 수 있는 집을 생각해내는 것, 그것이 건축가의 역할입니다.